Compass
Web Development

JN086780

これからはじめる

Figma

Web・UI
デザイン入門

阿部 文人、今 聖菜、田口 冬菜、中川 小雪 著

マイナビ

はじめに

『これからはじめる Figma Web・UIデザイン入門』を手に取っていただきありがとうございます。この本はブラウザだけでもすぐに利用できるデザインコラボレーションツール「Figma（フィグマ）」の書籍です。シンプルな操作性や軽快な動作、強力な共同編集が人気となり近年、日本だけでなく世界中で多くのユーザーが利用しているデザインツールです。

本書はFigmaのすべてを網羅的にお伝えする書籍ではありませんが、架空のポートフォリオサイトやホテル運営企業のコーポレートサイト、インテリアECサイト、料理レシピアプリの3つのWebサイトと1つのアプリケーション、合計4作例のデザインを用いて「Figmaを利用してデザインする」ことに焦点をあてた書籍です。

オンライン共同編集と聞くと「きちんと保存されているのか？　重くないのか？　バージョンの重複はないのか？」などの不安はあると思います。ですが、私たちが利用している間にそのような問題は発生したことはありませんでした。Webサイト、Webアプリケーションのデザインツールとして Figmaは素晴らしいパフォーマンスを発揮し、安心して利用できるデザインツールです。また、デザイナーだけでなく様々な職種のメンバーとコラボレーションすることで、デザインプロジェクトや制作フローの改善が期待できます。

Figmaは世界中の人々が利用し、アップデートが活発なツールでもあります。一度使っていただければきっとFigmaの魅力を感じてもらえると思います。

ようこそ Figmaの世界へ！　さぁ一緒にデザインしていきましょう！

2022年8月　著者一同

この本で扱う範囲

Figmaには4つの料金プランがあります。本書では無料で利用できるスタータープランと有料でもっとも基本的なプランのプロフェッショナルプランを中心として、下記のようなことを解説していきます。

● Figmaの基本的な使い方
● Figmaのインターフェイスの解説
● Figmaをつかったデザイン制作のながれ
● コラボレーションの手法の1つである「ペアデザイン」のやり方や取り入れ方

※料金プランについてはp.8で紹介しています。

この本で扱わない範囲

本書では下記の内容については扱っていませんが、詳しく知る場合の手がかりとして、書籍やドキュメント、Webサイトなどを紹介します。

● Figmaの機能の網羅的な説明
● ビジネスプランとエンタープライズプランの機能について
● デザインの習得
● Webサイトやネイティブアプリのコーディングについて

本書の想定読者

本書では次の読者を想定しています。

● デザインをはじめてみたいが、どのようなツールを使えば良いかわからない初学者の方
● 他のデザインツールを利用しているがFigmaが気になっている方
● デザイナーではないがFigmaを利用してみたい方

デザインコラボレーションツールであるFigmaの特徴や機能を活かして「Figmaを利用し、チームメンバーとコラボレーションをしてデザインする」ことを、お伝えすることも目指しました。Figmaはデザイナーだけが利用するツールではありません。利用者である2/3は非デザイナーであるとも言われています。本書では、ディレクターやライター、フォトグラファー、エンジニアなどのチームメンバーと利用することも想定しました。

本書の特徴

『これからはじめる Figma Web・UI デザイン入門』は、4章で構成された書籍です。

第1章：準備編 - Figmaの準備と基本機能
第2章：実践編 - Figmaで実践するWebデザイン制作体験
第3章：応用編 - 3つの作例から学ぶデザイン制作のながれ
第4章：活用編 - チームでのFigma活用とペアデザイン

第1章から順に読んでいくとFigmaのアカウント作成から各ツールの使い方、デザインのながれ、チームでの利用方法などがわかるようになっています。

第1章の「準備編 - Figmaの準備と基本機能」を終えると、第2章「実践編 - Figmaで実践するWebデザイン制作体験」ではポートフォリオサイトを題材に、Figmaの基本操作を学びながらWebデザイン制作を体験していきます。

第3章「応用編 - 3つの作例から学ぶデザイン制作のながれ」では架空のホテル運営企業のコーポレートサイト、インテリアECサイト、料理レシピアプリのデザイン制作のながれを追いながら、Figmaの機能や使い方をさらに深めていきます。あわせてデザインのポイントも紹介します。順を追っていけばFigmaの豊富で便利な機能を利用できるようになるでしょう。

第4章では「活用編 - チームでのFigma活用とペアデザイン」として、チームで利用できるFigmaの機能の紹介や外部サービスとの連携、コラボレーションの1つの手法であるペアデザインについて紹介します。

Figma とは

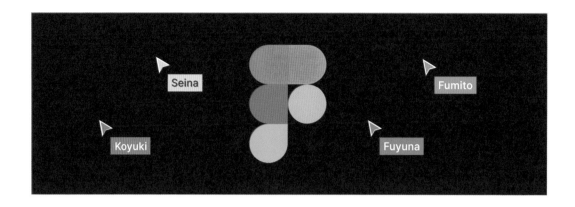

Figmaは、デザインプロセスのすべての人をつなぎ、チームでより良いデジタルプロダクトを、より速く提供できるようにするための、デザインコラボレーションツールです。たとえば、WebサイトやWebアプリケーションのUIデザイン、サイトマップ、ワイヤーフレーム、プレゼンテーション資料作成などに利用できます。

『すべての人がデザインを利用できるようにする』というビジョンをかかげ、2012年にアメリカのサンフランシスコに設立されました。2015年12月3日には無料の招待制のプレビュープログラムを開始し、2016年9月27日にパブリックリリースされ今に至ります。2022年3月16日にはアジアで初の拠点となる日本法人も設立されました。現在、世界中で多くのユーザーに支持され、利用されています。日本でも近年ユーザー数が大きく伸びているデザインコラボレーションツールが「Figma」です。

なぜ今、Figma なのか

約3,000名の世界中のデザイン関係者が回答したUX toolsのアンケートをみると、2021年のデザイナーが利用したツールとして多くのカテゴリーでFigmaが1位となっているのがよくわかります。デジタルホワイトボードツールでは Miro に1位の座を譲っていますが、Figmaから派生して2021年に公開されたFigJamが2位、Figmaも3位となっています。さらに、2022年にもっとも使いたいツールとして、Figmaがダントツの1位となっています。Figmaは世界中で多くのデザイナーにすでに支持され、期待もされているデザインツールなのです。

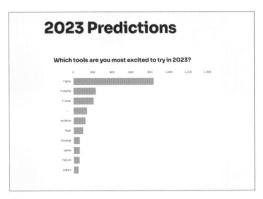

🔗 https://uxtools.co/survey/2022/toolkit

🔗 https://uxtools.co/survey/2022/
what-comes-next

Figmaの特徴

Figmaには、デザインコラボレーションツールとしてさまざまな特徴があります。

快適な共同編集

オンライン上のデザインファイルを共同で編集できます。デザイン作業を効率化するための各種ツールも揃っており複数人でも共同で素早くデザインすることができます。

無料で利用可能

いくつか機能に制限はありますが、無料プランでも充分に利用可能です。ほぼすべての機能を無料のスタータープランで利用できます。

バージョン管理が不要

変更内容は自動で保存されるので、ローカルファイルでのバージョン管理は不要です。チームメンバーにデザインファイルを渡す必要なく、いつでも最新の状態でデザインを行うことができます。

ブラウザだけでも利用可能（macOS、Windows OS どちらも対応）
Mac と Windows のどちらの OS にも対応しています。専用のソフトウェアをインストールしなくてもブラウザだけで閲覧から編集まで軽快に動作します。

プロトタイプ
Figma で作成したデザインからプロトタイプを作成して共有できます。ドラッグ、マウスオーバー、クリックなどのインタラクションも付与でき、実際の Web サイトやアプリケーションのようなプロトタイプ作成が可能です。

共有のしやすさ
最新のデータをすぐに共有できます。ファイルだけでなくページ、フレーム、コメント、プロトタイプなどさまざまな共有リンクを発行できます。

豊富な拡張機能のプラグインやデザインリソース
Figma コミュニティでは誰でも利用できる拡張機能のプラグインやウィジェットが公開されています。また、世界中の Figma ユーザーにより公開された UI Kit などのデザインリソースも利用できます。さらに、作成したファイルやプラグイン、ウィジェットの有料販売もできます。
🔗 https://www.figma.com/community

Figma の料金プラン

Figma の料金プランは全部で 4 つあります。Figma は無料ではじめることが可能ですので、まずはスタータープランを選んではじめましょう。無料のスタータープランでは、下書きファイルは無制限に作成できますが、共同編集者は招待できません。招待するにはファイルをチームに移動するなど、いくつか制限がありますが、充分に Figma を利用できます。

本書では無料のスタータープランと有料のプロフェッショナルプランでできることを中心に紹介していきます。次ページでは、各プランで利用できる機能を紹介します。

スターター	プロフェッショナル	ビジネス	エンタープライズ
Figmaファイル数が3つ、各ファイル3ページの制限があります。個人利用の下書きファイルであれば無制限に作成できます。	スタータープランの制限がなくなり、利用できる機能が増えるプランです。Figmaファイル数やバージョン履歴が無制限になります。共有できるプロトタイプにパスワードロックを付与できます。	プロフェッショナルのすべての機能、および以下の機能が利用できるようになります。	ビジネスのすべての機能、および以下の機能が利用できるようになり追加のサポートも受けられます。
●3つのFigmaファイル ●個人用ファイル数 　無制限 ●コラボレーター数 　無制限 ●バージョン履歴30日間 ●プラグイン、ウィジェット、テンプレート ●モバイルアプリ	●Figmaファイル数 　無制限 ●バージョン履歴数 　無制限 ●権限の共有 ●共有プロジェクトとプライベートプロジェクト ●チームライブラリ ●音声での会話	●組織全体のライブラリ ●デザインシステムアナリティクス ●ブランチ機能とマージ機能 ●ファイルの一元管理 ●管理・請求の一元化 ●プライベートのプラグインとウィジェット ●シングルサインオン	●カスタムワークスペース ●ワークスペースの管理 ●ゲストアクセス管理 ●専任のアカウントマネージャー ●ハンズオントレーニング
無料	月額1,800円 （年間払い） or 月額2,250円	月額6,750円 （年間払いのみ）	月額9,998円 （年間払いのみ）

Figma公式サイトの料金ページにはプラン別に各機能の利用可否がわかりやすく掲載されています。学生および教育機関はプロフェッショナルプランを無料で利用できるなどのサービスもあります。ご自身やチームに合ったプランを選んでみてください。

🔗 https://www.figma.com/ja/pricing

※料金ページの上部のタブの「FigJam」をクリックするとオンラインホワイトボードツールの「FigJam」の料金もみることができます。
※プロフェッショナルプラン、ビジネスプランの料金をJPYでお支払いいただけるようになりました。

サポートサイトとサンプルファイル

本書のサンプルファイルはFigmaにて作成しています。下記公式サポートサイトから本書で利用するすべてのデザインデータにアクセスできます。公式サポートサイトは各章に分けて配布しています。実際にFigmaファイルをさわりながら操作してみてください。

『これからはじめるFigma Web・UIデザイン入門』公式サポートサイト
🔗 https://figma.necco.inc

【注意事項】
本書のサポートサイトで配布するサンプルデータは、本書の内容をご理解いただくために作成した参照用データです。その他の用途での使用や再配布などを行う行為は、営利非営利を問わず固く禁じます。あらかじめご了承ください。
本書のサポートサイトで配布するサンプルデータの著作権は、株式会社neccoに帰属します。

本書で利用している画像について

本書で利用している画像を列挙します。

- Figma公式サイトやリソースのスクリーンショット
- Figmaで筆者が作成した画像
- フリーの画像配布サイト

フォントについて

Figmaでは「Google Fonts」が利用できます。「Google Fonts」とはGoogleが提供している無料で利用できるWebフォントサービスであり、さまざまな種類のフォントを利用できます。

本書ではMac、WindowsどちらのOSでも利用できるGoogle Fontsを作例に使用しています。利用するフォントについては各章で紹介します。
🔗 https://fonts.google.com/

● 使用できないフォントがある場合

アクセスできないフォントを使用しているテキストがある場合は、「欠落しているフォント」という
警告がファイルに表示されます。その場合はデバイスにフォントをインストールするか、不足してい
るフォントの代わりに別のフォントを使用すれば解決できます。

修正方法については下記に詳しく掲載されています。解決できない場合は参考にしてください。
🔗 https://help.figma.com/hc/en-us/articles/360039956994-Manage-missing-fonts

オンラインホワイトボードツール「FigJam」

本書では詳しく紹介しませんが、Figmaはオンラインホワイトボードツールの「FigJam」というツー
ルも提供しています。複数人でのブレインストーミングやアイデアの収集などをするときに便利です。
🔗 https://www.figma.com/figjam/

CONTENTS | もくじ

阿部 文人（あべ ふみと）

株式会社 necco CEO / クリエイティブディレクター / デザインエンジニア

東京都出身。音楽活動や多種多様なアルバイト、家電販売、不動産営業、シェアオフィスとホテル事業の自社ブランディング・ウェブマーケティングに従事。その後デザイン・ウェブ制作会社にて WordPress サイトを多数構築。2016年10月株式会社 necco を設立。necco ではクリエイティブディレクター・デザインエンジニアとしてお客さまとデザイン、エンジニアリングをつなぐ役をしている。 2匹の猫と同居。好きなものは建築と写真、音楽制作、サウナ、伊勢うどん、Jamstack、WebGL。
Twitter/Facebook：@abefumito

今 聖菜（こん せいな）

株式会社 necco デザイナー / グラフィックデザイナー

秋田県出身。 秋田公立美術短期大学でデザインを学び、企業ブランディング、商品パッケージ、販促ツール、書籍、ウェブなど商業デザイン全般に従事。イラストレーションを用いたデザインを得意としている。2016年10月より necco に参画。グッとくる芯のあるデザインを作るべく日々奮闘中。 好きなものは、犬、猫、デザイン、洋服、アイドル、いくら、ちいさいもの。
Twitter：@KonSeina

田口 冬菜（たぐち ふゆな）

株式会社 necco デザイナー / モーションデザイナー

三重県出身。2019年に理学療法士からデザイナーに転職、勢いで上京。都内のデザイン会社1社を経て2020年から株式会社 necco に参画。デザイナー・モーションデザイナーとして Figma、After Effects に日々お世話になっている。好きなものはカフェ、コーヒー、犬、本、インテリア。なんでもやってみることを大切にしている。いまが1番のたのしいを更新しつづけたい。
Twitter / Instagram：@fuyuna_design

中川 小雪（なかがわ こゆき）

株式会社 necco デザイナー / UIデザイナー

神奈川県出身。中央大学で社会学を学び、2019年10月から necco でデザイン業務のインターンを開始。2020年4月にアシスタントデザイナーとして入社。現在はデザイナー / UIデザイナーとして、ウェブサイト・UIデザインを中心に担当している。小籠包と餃子と茄子の揚げ浸しと桃のパフェが大好物。旅・写真・サウナ・アイドルが好き。
Twitter：@necco_nakagawa

準備編
Figmaの準備と基本機能

Figmaのアカウント作成から、Figmaのインターフェイスや各パネル、ツールの使い方を解説していきます。章のおわりには紹介した機能を利用して、Figmaのサムネイルを作成していきます。

アカウント作成と初期設定

Figmaを利用するために必要なアカウント作成やプラン設定、ファイル作成などの初期設定について解説します。

1-1-1 | アカウントの作成

Figmaの公式サイト（ 🔗 https://www.figma.com/ja/）にアクセスし、[Figmaを無料で体験する]または[サインアップ]ボタンをクリックします。

次に、Googleアカウントの利用またはメールアドレスとパスワードを入力し、[アカウントを作成]ボタンをクリックします。つづいて、自分の名前の入力、職業、Figmaの使用目的を選択し、[アカウントを作成]ボタンをクリックします。

アカウント作成後、登録したメールアドレスに確認のメールが届きます。メールを開き、[メールを確認する] ボタンをクリックしてアカウント作成の完了です。

1-1-2 チームとプランの設定

アカウント作成後、ブラウザの画面がFigmaに自動で切り替わります。チームとプランの設定を進めていきましょう。はじめにチームの名前を指定します。会社名またはチーム名があれば入力し、個人利用の場合は [後で] をクリックしてスキップしましょう。チーム名は後からでも変更できます。

チームのプラン選択では、まずは無料で利用できる [スターター] を選択しましょう。料金やプランについてはp.8で紹介しています。

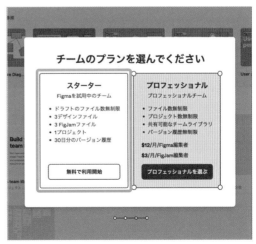

1-1-3 | 新規ファイル作成

プランの設定後、［Figmaでデザイン］をクリックし、［空白のキャンバス］を選択すると、新規ファイルが作成できます。Figma公式が用意したチュートリアルも表示されるので、参考にしてみてください。

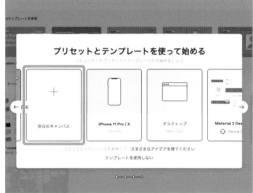

画面左上のアイコンをクリックするか、現在開いている無題のファイルを［×］で閉じると、デザインファイルの一覧をみることができるファイルブラウザが表示されます。

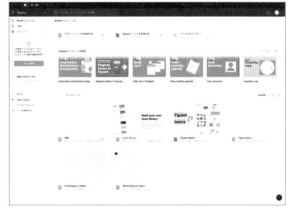

1-1-4 | アプリのダウンロードまたはブラウザの設定

Figmaは「デスクトップアプリ」と「ブラウザ」で利用できます。ブラウザを使用する場合はいくつかの設定が必要になりますが、デスクトップアプリでは設定が不要です。ここでは、デスクトップアプリのダウンロード方法とブラウザの設定について説明します。

● **デスクトップアプリのダウンロード方法（対応OS：Mac / Windows）**

公式サイト（🔗 **https://www.figma.com/ja/**）の［製品］メニューから［ダウンロード］ページを開き、ご自身が使用しているOSに合わせてアプリケーションをダウンロードします。

● **ブラウザの設定**

Figmaをブラウザで利用する場合、次の設定が必要です。

1. **WebGLがインストールされており、有効になっていることを確認する**
2. **ブラウザのズームを100％に設定する**
3. **最新バージョンのブラウザを使用していることを確認する**
4. **左右スワイプジェスチャーを無効にする（macOSのみ）**
5. **ローカルフォントを使用する場合は、フォントインストーラーをインストールする**

フォントインストーラーは、公式サイト（🔗 **https://www.figma.com/ja/**）の［製品］メニューから［ダウンロード］ページを開き、お使いのOSに合わせて選択し、インストールします。

各ブラウザの設定方法は、Figmaヘルプセンター（🔗 **https://help.figma.com/hc/ja/**）のメニュー「はじめに」から「Figmaの設定」の「Figmaを使用するためのブラウザの設定」ページをご参照ください。

ファイルブラウザ

ファイルブラウザはFigmaのホーム画面になります。ファイルブラウザの
インターフェイスや機能について解説します。

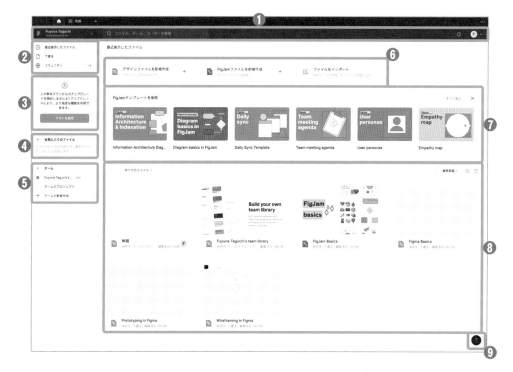

❶ ファイルなどの検索、通知の確認、アカウントの設定変更ができます。

❷ 最近表示したファイル、下書き状態のファイル、Figmaコミュニティを表示できます。

❸ アカウントのアップグレードや、プランを表示する場合に使用します。プランとアカウントについ
ては p.8 で説明しています。

❹ お気に入りに登録したファイルが表示されます。

❺ 自分が所属しているチームのファイル一覧が表示されます。チームの新規作成もできます。

❻ デザインファイルやFigJamファイルの作成、ファイルのインポートができます。

❼ FigJam のテンプレートが表示されます。

❽ デザインファイルと FigJam ファイルのすべてが表示されます。

❾ ヘルプやリソースを確認できます。

第1章
3

Figmaのチーム・プロジェクト・ファイル

Figmaのチームやプロジェクト、ファイルの階層構造について解説します。

1-3-1 | データの全体像

Figmaのデータは、「チーム❶」＞「プロジェクト❷」＞「ファイル❸」という階層で構成されています。チームが保有するプロジェクトとファイルにチームメンバーはアクセスできます。
スタータープランは3ファイルのみ、各ファイル3ページまでの制限があります。プロフェッショナルプラン以上は制限なくファイルを作成できます。

個人利用のみのチームに所属しないファイルのことを、下書きとよび、下書きファイルは無制限に作成できます。

※スタータープランのチームのみの場合、下書きファイルに編集者を招待できません。下書きファイルに編集者を招待するには、ファイルをチームに移動する必要があります。

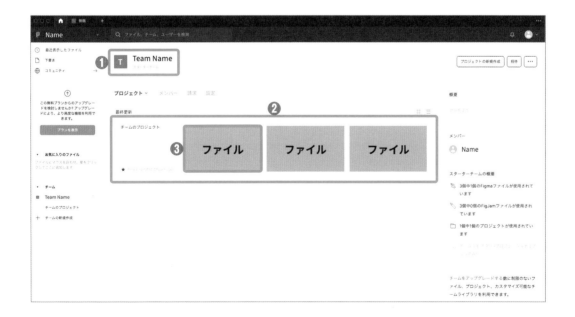

スタータープランではプロジェクトは1つまでの制限があります。プロフェッショナルプラン以上で、チームは無制限にプロジェクトとファイルを作成できます。

Figmaの料金プランによってチームを複数作成したり、各チームを管理できる上位の階層であるオーガニゼーションやワークスペースをつくれます。さらにチーム間でのチームライブラリの共有やアクセス制限などを行えます。

くわしくは、Figmaヘルプセンター「チームと組織のプランについて」をご参照ください。
🔗 https://help.figma.com/hc/ja/articles/360040328273-チームと組織のプランについて

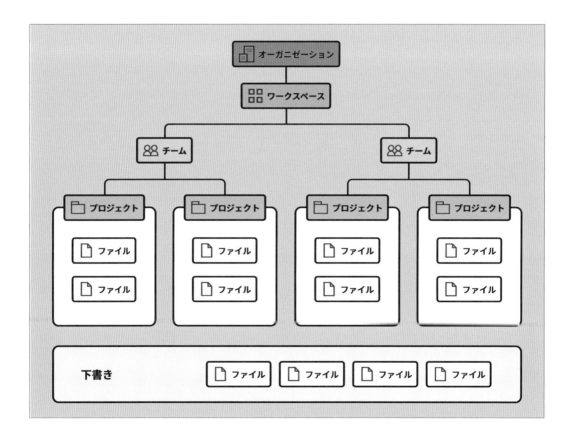

1-3-2 | ファイルの構造

Figmaのデザインファイルは、「ファイル」❶＞「ページ」❷＞「レイヤー」❸（テキスト・シェイプ・画像・フレーム・コンポーネントなどのオブジェクト）の階層構造になっています。

ファイルの中には複数のページを作成でき、各ページの中ではレイヤーと呼ばれるさまざまなオブジェクトを作成できます。ページ構成や各オブジェクトをうまく活用しながらデザインしていきましょう。

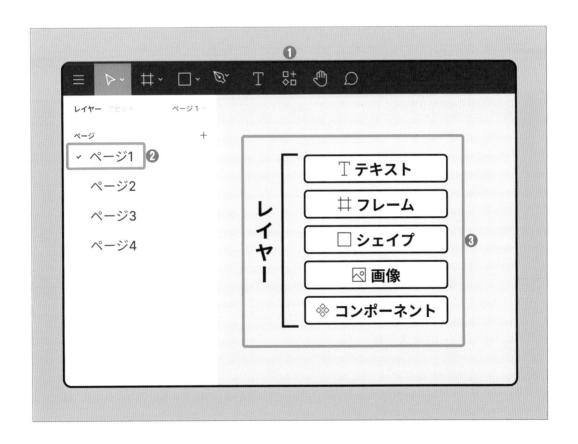

インターフェイス

第1章 4

Figmaのツールバーやサイドバー、キャンバス、タブ、パネルなどのインターフェイスと、それぞれの機能について解説します。

1-4-1 インターフェイスの全体像

デザインファイルを開くと、次の画面が表示されます。ここがFigmaでデザインをするときの基本のインターフェイスとなります。

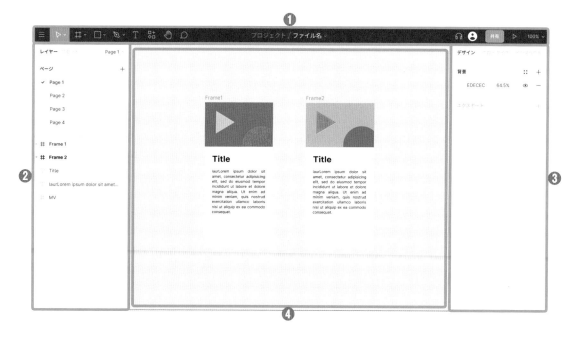

❶ツールバー	デザインファイルの操作、オブジェクトの作成、デザインの共有などができます。
❷左サイドバー	レイヤー・アセットを表示します。ファイル内のオブジェクトやコンポーネントの一覧が表示されます。
❸右サイドバー	デザイン・プロトタイプ・インスペクトの情報を表示します。何も選択していない時は、キャンバスの情報が表示されます。
❹キャンバス	デザインを作成するスペースです。

1-4-2 | ツールバー

ツールバーは主にデザインに関わる「ツール」、選択したレイヤーに対しての「カスタム」、共同作業に役立つ「プレゼンテーション」の3つのエリアに分かれています。

① 移動 (V)・スケーリングツール (K)	デフォルトでは移動ツールが選択されており、オブジェクトの選択や移動ができます。スケールツールに変更すると、オブジェクト全体のサイズを拡大・縮小できます。
② フレーム (F)・セクション (shift + S)・スライス (S)	レイヤーをまとめたり、デバイスや画面サイズに合わせたフレームなどを作成できたりします。
③ シェイプツール	長方形、楕円、線など、さまざまな形のシェイプを作成できます。
④ ペンツール (P)	ベジェ曲線を利用してパスを描画できます。鉛筆ツールに切り替えるとフリーハンドで描画できます。
⑤ テキストツール (T)	テキストを入力するツールです。
⑥ リソース (shift + I)	コンポーネント、プラグイン、ウィジェットをよび出して使用できます。
⑦ 手のひらツール (H)	表示範囲を移動できます。
⑧ コメントの追加 (C)	キャンバス上にコメントを残せます。
⑨ オブジェクトの編集	オブジェクトのベクトルを編集できます。
⑩ コンポーネントの作成	コンポーネントを作成できます。
⑪ マスクとして使用	選択したオブジェクトに対してマスクを適用できます。
⑫ 音声通話	共同編集者と音声での会話ができます。
⑬ アバター	作業中の人のアイコンが表示されます。
⑭ 共有	ファイルを共有できます。
⑮ プレゼンテーションを起動	プロトタイプを起動できます。
⑯ ズーム/表示オプション	キャンバスの拡大率を変更できます。

1-4-3 | 左サイドバー

左サイドバーには「レイヤー」と「アセット」のタブがあります。「レイヤー」タブでは、ファイル内のページ構成やキャンバス内のレイヤーを確認できます。「アセット」タブでは、ファイル内のコンポーネントやライブラリにアクセスできます。

レイヤータブ

レイヤータブには「ページパネル」と「レイヤーパネル」があり、ファイルのページ構成と各ページ内のレイヤーを確認できます。

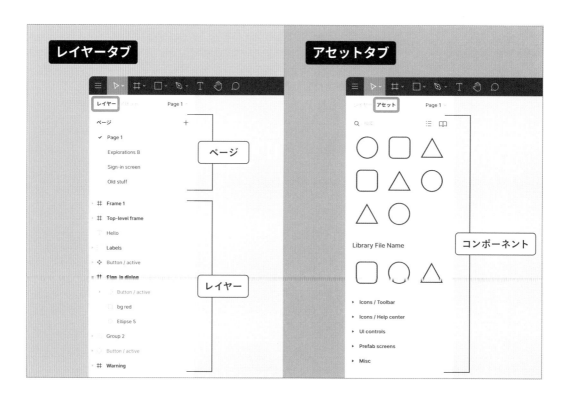

● ページパネル

ページを作成して管理できます。ページの中には複数のレイヤーが存在します。目的や用途ごとに
ページを分けることができ、ページ名も自由につけることができます。

● レイヤーパネル

作成したフレーム、グループ、シェイプは、すべてレイヤーパネルに表示されます。レイヤーの種類
はアイコンでわかるようになっています。

レイヤーの種類		
アイコン	レイヤー名	レイヤーの内容
#	フレーム	レイヤーをまとめたもの。デザインのアートボード。オートレイアウトが適用されたレイヤーも含む。
🗗	セクション	ラベルをつけてレイヤーなどをまとめられるもの。
⬚	グループ	レイヤーをグルーピングしたもの。
✤	コンポーネント	文字や色などのスタイルを定義し、デザイン全体で再利用できるもの。
◇	インスタンス	親コンポーネントから複製されたもの。
T	テキスト	テキスト。
□	シェイプ	長方形、線、矢印、楕円、三角形、星形などのシェイプ。
⑉	ベクター	ペンツールで作成した要素。
🖼	写真	JPG、PNG、webp形式などの画像。
▶	動画	.mp4、.mov、.webm形式の動画。

アセットタブ

コンポーネントの一覧が表示されるタブです。キャンバスにドラッグ＆ドロップすることでインスタンスを作成して使用できます。

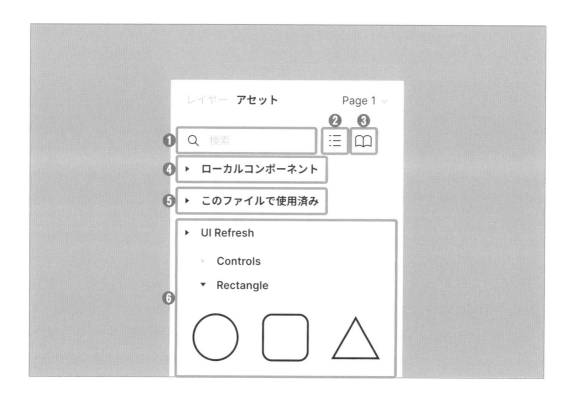

❶ 検索バー	コンポーネントを検索できます。
❷ 表示切り替え	グリッドとリストの表示切り替えができます。
❸ チームライブラリ	チームライブラリ※を使用できます。 ※ライブラリ：テキストや色のスタイル、コンポーネントを集めたファイルのこと。公開してファイル間でアセットを共有できます。 ※スタータープランではスタイルのみでコンポーネントの公開はできません。
❹ ローカルコンポーネント	現在のファイルで作成されたコンポーネントが表示されます。
❺ このファイルで使用済み	ファイルで使用されているコンポーネントが表示されます。
❻ ライブラリのコンポーネント	ライブラリを開くとコンポーネントが表示されます。

1-4-4 右サイドバー

右サイドバーには「デザイン」「プロトタイプ」「インスペクト」の3つのタブがあります。編集権限によって表示されるタブは変わります。

デザインタブでは、選択したレイヤーによってさまざまなプロパティパネルが表示されます。プロトタイプタブでは、プロトタイプの設定ができます。インスペクトタブでは、選択したオブジェクトのプロパティ、カラー、コード（CSS）が参照できます。

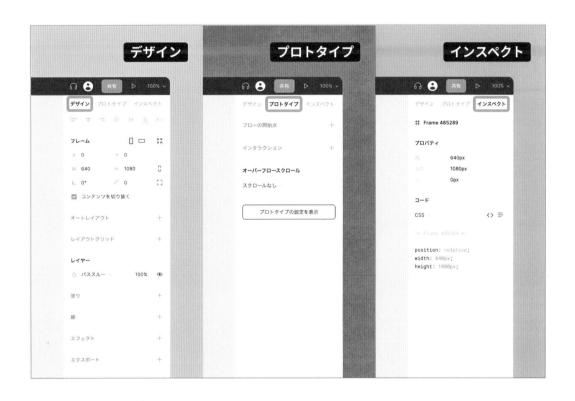

デザインタブ

整列やオブジェクトの色、線、テキストの設定などができます。選択するレイヤーによって表示されるパネルは異なります。

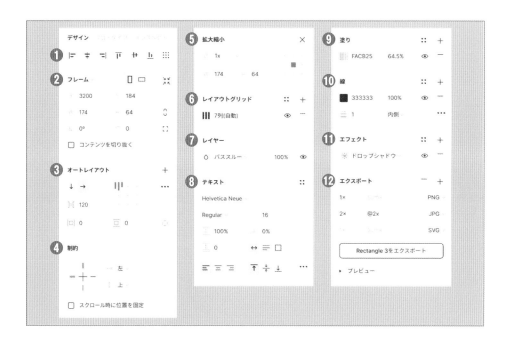

① 整列	さまざまな位置を基準にオブジェクトを整列できます。
② トランスフォーム	フレームやグループ、オブジェクトのサイズ、座標、角度、角の半径などを調整できます。
③ オートレイアウト	設定した余白やコンテンツに応じて変化するフレームを作成できます。
④ 制約	フレームを大きくしたときのレイヤーのサイズ変更方法を設定できます。
⑤ 拡大縮小	倍率や数値を指定して、レイヤーのサイズを変更できます。
⑥ レイアウトグリッド	グリッドを表示、設定できます。
⑦ レイヤー（ブレンドモード）	2つのレイヤーのブレンド方法を設定できます。
⑧ テキスト	テキストのサイズ、太さ、行間、文字間、揃えなどを設定できます。
⑨ 塗り	塗りの追加、色、透過度などの設定ができます。
⑩ 線	線の色、太さ、スタイルなどを設定できます。
⑪ エフェクト	ドロップシャドウやインナーシャドウ、ブラーの設定ができます。
⑫ エクスポート	倍率やサフィックス、拡張子を設定してオブジェクトを書き出しできます。

プロトタイプタブ

プロトタイプに関する設定ができます。インタラクションやアニメーションを設定し、動作のフローを確認できます。また、プロトタイプはモックアップで確認することもできます。

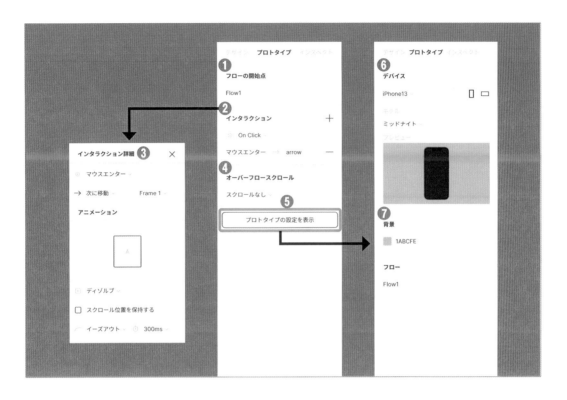

❶ フローの開始点	プロトタイプのフローの開始点を設定できます。
❷ インタラクション	アニメーションの発火条件や遷移先を設定できます。
❸ インタラクション詳細パネル	アニメーションの詳細設定ができます。
❹ オーバーフロースクロール	フレームから出た要素のスクロール方法を設定できます。
❺ デバイス※	プロトタイプ確認時のデバイスサイズやモデルを指定できます。
❻ 背景※	プロトタイプ確認時の背景色を指定できます。

※ [プロトタイプの設定を表示] ボタンをクリックすると表示されます。

インスペクタブ

デザインのコードや数値を参照、コピーできます。登録されているスタイルの確認もできます。ファイルの編集権限が閲覧の場合でも、インスペクトタブの機能は利用できます。

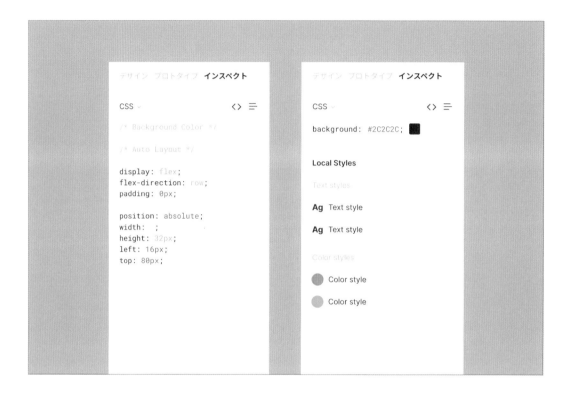

第1章 5

デザインタブの
各パネルの使い方

Figmaでデザインする場合に、もっともよく利用するデザインタブについて詳しく解説します。

1-5-1 | デザインタブのパネル

右サイドバーのデザインタブの各パネルでは、キャンバス上で選択しているフレームやコンポーネント、プロトタイプなどの各オブジェクトに対してさまざまな操作、設定を行うことができます。

選択しているオブジェクトによって表示されるパネルも異なります。ここからはデザインタブの各パネルをより詳しく解説していきます。

整列

オブジェクトの位置を整えるときは、整列パネルを使用します。フレームに対する位置を指定したいときや、複数の要素をまとめて揃えたいときなどに役立ちます。整列はデザインの中で頻繁に行う操作になるので、ショートカットキーを覚えておくと便利です。

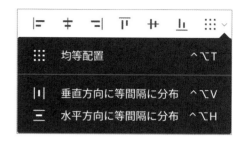

アイコン	機能	ショートカット
‖=	左揃え	Mac：option + A Win：Alt + A
≢	水平方向の中央揃え	Mac：option + H Win：Alt + H
=‖	右揃え	Mac：option + D Win：Alt + D
‖‾	上揃え	Mac：option + W Win：Alt + W
‖‖	垂直方向の中央揃え	Mac：option + V Win：Alt + V
‖	下揃え	option（Alt）+ S

● 等間隔の整列

等間隔に整列させたい場合は、オブジェクトをまとめて選択した状態で次の整列アイコンをクリックします。

アイコン	機能	ショートカット
☰ ⠿	均等配置	Mac：control + option + T Win：Ctrl + Shift + Alt + T
‖‖	垂直方向に等間隔に分布	Mac：control + option + V Win：Ctrl + Shift + Alt + V
☰	水平方向に等間隔に分布	Mac：control + option + H Win：Ctrl + Shift + Alt + H

トランスフォーム

オブジェクトの位置やサイズの指定、回転、角の半径などは、トランスフォームパネルを使用します。

名称	機能
❶ フレーム / グループの切り替え、フレームのサイズ選択	フレームとグループを切り替えられます。フレームサイズをテンプレートから選んで変更することもできます。 ※フレームまたはグループ選択時のみ表示されます。
❷ フレームの縦横	フレームを縦または横に変更できます。 ※フレーム選択時のみ表示されます。
❸ サイズ自動調整	フレームの中のコンテンツに合わせて、フレームのサイズが自動調整されます。※フレーム選択時のみ表示されます。
❹ X・Y座標	X座標とY座標です。フレーム選択時はキャンバスに対する座標、フレームの中のコンテンツ選択時はフレームを基準とした座標が表示されます。
❺ W（幅）・H（高さ）	Wは幅、Hは高さです。数値を入力して幅や高さを指定できます。四則演算も利用できます。
❻ 縦横比を固定	幅と高さの比率を固定した状態でオブジェクトやフレームのサイズを変更できます。
❼ 回転	オブジェクトやフレームの回転角度を指定できます。
❽ 角の半径	オブジェクト全体の角の半径（角丸）を指定できます。
❾ 個別の角	角の半径を個別で指定できます。
❿ コンテンツを切り抜く	フレームからはみ出た要素が見えないように切り抜かれます。

● 四則演算の利用

オブジェクトのサイズ変更などをするとき、四則演算が利用できます。たとえば、横幅200pxのオブジェクトを2倍のサイズにしたいときは、W(幅)に「200*2」を入力します。

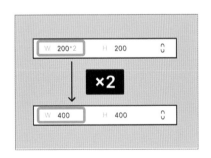

-	引き算	/	割り算
+	足し算	^	累乗
*	掛け算	()	優先順位

テキスト

テキストのフォントやウェイト、サイズ、行間の設定
などは、テキストパネルを使用します。テキスト選択
時のみ表示されるパネルで、テキストスタイルの登録
や文字の詳細設定もここで行います。

名称	機能
❶ フォント	ローカル、および共有フォントのリストを参照し、適用できます。
❷ ウェイト	フォントの太さを変更できます。
❸ フォントサイズ	フォントサイズを変更できます。Figmaはピクセル単位でフォントサイズを表します。
❹ 行間	テキストの行間を調整できます。
❺ 文字間隔	文字間の水平距離を調整できます。
❻ 段落間隔	段落同士の距離を調整できます。
❼ 自動調整・固定	左から、幅の自動調整・高さの自動調整・固定サイズになります。テキストサイズをどのように縮小・拡大させるかを設定できます。 幅の自動調整：テキスト量に応じて幅が変わります。 高さの自動調整：テキスト量に応じて高さが変わります。 固定サイズ：テキストの幅と高さを固定できます。
❽ 水平方向の揃え	テキスト左揃え・中央揃え・右揃えの設定ができます。
❾ 垂直方向の揃え	上揃え 中央揃え 下揃えになります。
❿ タイプの設定	さらに詳細なテキストの設定ができます。
⓫ テキストスタイル	テキストスタイルを表示、作成、適用するためのアイコンです。

● タイプの設定パネル

テキストの詳細設定をしたい場合は、タイプの設定パネルを使用します。「基本設定」「詳細設定」「バリアブル」の3つのタブがあり、それぞれに次のような設定ができます。

名称	機能
❶ プレビュー	テキストのプレビューが表示されます。
❷ サイズ変更	テキスト幅や高さの自動調整、固定サイズ、テキストを切り捨てるなどの設定ができます。
❸ 配置	テキストの配置を設定できます。
❹ 上下トリミング	テキスト上下の余白をトリミングできます。
❺ 装飾	下線や取り消し線といった装飾を適用できます。
❻ 段落間隔	段落同士の距離を調整できます。
❼ リストスタイル	段落同士の距離を調整できます。
❽ 大文字/小文字	欧文書体の場合、大文字・小文字・スモールキャップなどのスタイルを設定できます。
❾ インデント	段落の行頭に指定したサイズの空白を入れられます。
❿ 数字	数字のスタイルと位置を設定できます。
⓫ バリアブル	バリアブルフォントのウェイトを細かく指定できます。

塗り

図形やテキストに色をつけたいときは、塗りパネルを
使用します。塗りには画像、グラデーションも含まれ、
複数重ねての使用や不透明度の指定もできます。

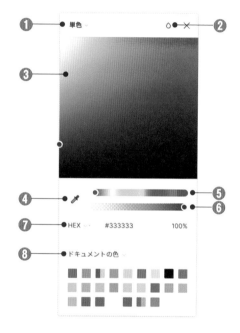

● カラーパネル

カラーコードの左にあるサムネイルをクリックすると、
カラーパネルが表示されます。カラーパネルでは色の
詳細設定ができます。

名称	機能
❶塗りの種類	単色、線形、放射状、円錐形、ひし形、画像の6種類から選択できます。
❷ブレンドモード	16種類のブレンドモードから選択できます。
❸カラーパレット	白い円をドラッグして色を調整できます。
❹カラーピッカー	キャンバス内のレイヤーや画像から任意の色を選択できます。
❺色調	ドラッグして色調を変更できます。
❻不透明度	0〜100%まで不透明度を調整できます。
❼カラーモデル	HEX、RGB、CSS、HSL、HSBの5つのカラーモデルを選択できます。
❽ドキュメントの色	ドキュメントで使用されている色が表示されます。ローカル、ライブラリのカラースタイルも表示できます。

● カラーモデル

デフォルトではHEX表示になっています。パネル左下のメニューからカラーモデルは変更できます。

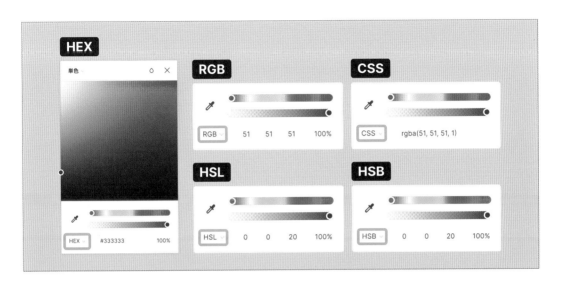

カラーモデル	概要
HEX	Figmaのデフォルトのカラーモデルで2桁の16進数※が3つで構成された、全6桁の英数字です。 ※16種類の数字・文字（0〜9とA〜F）で表現する数
RGB	赤（Red）、緑（Green）、青（Blue）の3つの原色を混ぜて幅広い色を再現する加法混合の一種です。0〜255の値を用いて表現します。
CSS	CSS を利用したRGBa値の表記方法です。aは不透明度を表すalpha。 rgba(255, 255, 255, 0.5)のようにCSSでは記述します。
HSL	色相（Hue）、彩度（Saturation）、輝度（Lightness）の組み合わせで表現する方法です。
HSB	色相（Hue）、彩度（Saturation）、明度（Brightness）で表す方法です。

● 塗りの種類

カラーパネル左上のメニューから、塗りの種類を選択できます。

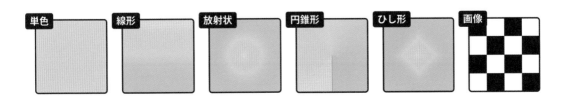

● 色スタイルパネル

スタイルを使用している場合は、塗りパネルに該当するエリアにスタイル名が表示されます。

色スタイルを指定していないオブジェクトの選択中は、塗りパネル右上から色スタイルの指定、追加ができます。スタイルのアイコンをクリックすると、色スタイルパネルが表示され、登録済みのスタイルを選択できます。

❶ **ビュー切り替え**：リスト表示とグリッド表示から
　 ビューを切り替えられます。
❷ **スタイル登録**：選択中の色をスタイル登録できます。
❸ **検索**：登録済みのスタイルを検索できます。

TIPS　**選択範囲の色をまとめて参照**

複数のオブジェクトをまとめて選択すると、「選択範囲の色」パネルが表示され、色の参照や変更ができます。

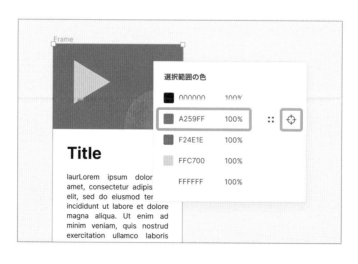

線

フレーム、図形、文字などに線を追加できます。線の
色、不透明度、太さ、個別指定なども線パネルから編
集できます。

名称	機能
❶ 色	カラーコードを変更して色の指定ができます。左のサムネイルをクリックすると、カラーパネルが表示されます。
❷ 不透明度	線の不透明度を変更できます。
❸ 線の位置	線の位置を中央、内側、外側から選択できます。
❹ 太さ	線の太さを指定できます。
❺ 各端の線	オブジェクトの辺に対して線をつける位置を設定できます。カスタムを選択すると上下左右の各辺を個別に設定できます。
❻ 高度な線設定	直線・破線などの線のスタイルや線端の形状などを設定できるパネルが表示されます。
❼ スタイル	線のスタイルを設定できるパネルが表示されます。
❽ 線の追加	線を追加できます。

● 直線・矢印を選択中の線パネル

直線や矢印の選択時には、先端の設定ができます。
両端の形状が変更でき、線を矢印に変更したいとき
にも役立ちます。

制約

フレームの中に位置するレイヤーに対して追加できるプロパティです。親フレームのサイズが変形した際に、中のレイヤーがどのように変化するか水平・垂直方向に設定できます。また、プロトタイプでスクロール時にレイヤーの位置を固定することもできます。
グループ内のレイヤーに対しては設定できません。

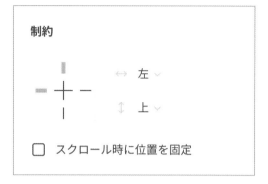

● 制約を設定してフレームサイズを変形した例

フレーム内の丸シェイプに、それぞれ違う制約を設定してフレームサイズを変形した例です。親フレームを変形しても、水平・垂直方向の設定した基準からの距離を保ちます。「拡大・縮小」を設定した場合は、フレームサイズに合わせてレイヤーも拡大縮小します。制約を無視してフレームサイズを変更したい場合は、⌘ を押しながらフレームを変形しましょう。

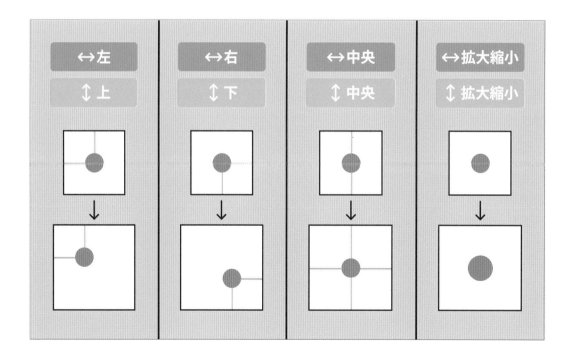

レイアウトグリッド

フレームにグリッドを追加したい場合は、レイアウトグリッドパネルを使用します。レイアウトグリッドを使用することで、オブジェクトの配置が決めやすくなったり、ページ全体を通したオブジェクトごとの余白ルールが明確にできたりするなどのメリットがあります。

● グリッドの種類

レイアウトグリッドでは、1つのフレームに対して複数の異なる種類のグリッドを重ねられます。

レイアウトグリッドパネル左端のアイコンをクリックすると、グリッドの詳細パネルがひらきます。詳細パネルの上部から、「グリッド」「列」「行」の3種類からグリッドを選択できます。

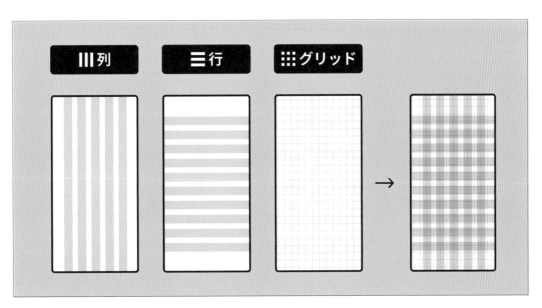

● グリッドのプロパティパネル

❶ 数：列・行の数を指定でき、自動でも設定できます。

❷ 色：グリッドの色と不透明度を指定できます。

❸ 種類：「行数」と「列数」の開始位置を指定できます。「行数」では上下中央、「列数」では左右中央から選択できます。また幅が自動で設定できるストレッチも選択できます。

❹ 高さ・幅：「行数」では高さ、「列数」では幅を指定できます。

❺ オフセット・余白：オフセットとはグリッド開始までの余白のことです。③種類が「上・下・左・右揃え」いづれかの場合ではオフセットを、「ストレッチ」の場合は余白を設定できます。

❻ ガター：行または列同士の余白を指定できます。

● グリッドの適用例

同じサイズのフレームに、3種類の4列グリッドをそれぞれ適用した例です。「左揃え」ではオフセットの幅が設定できます。「中央揃え」では設定した列数と幅のまま中央に配置されます。「ストレッチ」ではグリッドの左右の余白を設定でき、列幅は自動で設定されます。

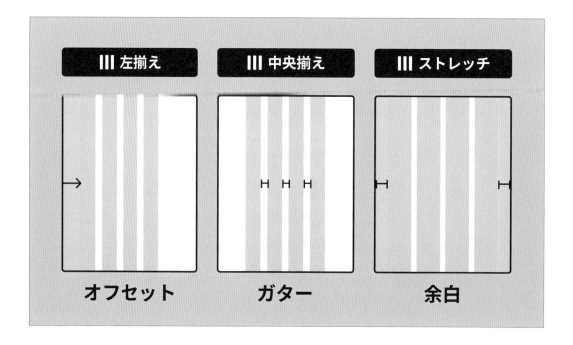

レイヤー

2つのレイヤーを使用して乗算やオーバーレイなどの
ブレンドを適用したいときは、レイヤーパネルからブ
レンドの種類を選択します。また、レイヤーの透過度
も設定できます。

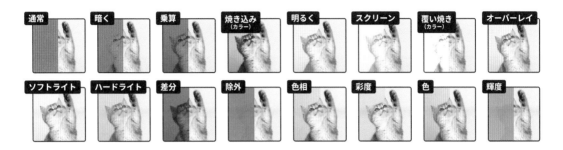

エフェクト

レイヤーにシャドウやぼかし効果をつけたいときは、エフェクトパネルを使用します。
4種類のエフェクトを選択でき、それぞれ詳細な設定を行えます。

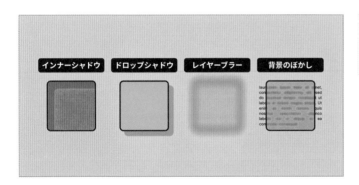

効果の名称	機能
インナーシャドウ	フレームやオブジェクトの内側に影を付けられます。
ドロップシャドウ	フレームやオブジェクトに影を付けることで奥行きを演出できます。
レイヤーブラー	レイヤー全体をぼかせます。
背景のぼかし	背景のオブジェクトをぼかします。効果を与えたいレイヤーの不透明度を 10 ～ 99.9% で指定している必要があります。

● エフェクトの詳細パネル

❶ X軸：オブジェクトに対するX軸の位置を指定できます。

❷ Y軸：オブジェクトに対するY軸の位置を指定できます

❸ B：ぼかし（Blur）範囲の半径の設定ができます。

❹ S：影の広がり（Spread）を設定できます。長方形、楕円、フレーム、コンポーネントのみに使用できます。

❺ 色：影の色を指定できます。

❻ 不透明度：影の不透明度を指定できます。

インスペクトタブ

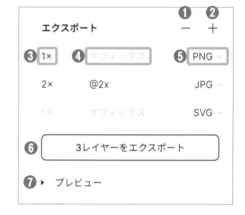

レイヤーを書き出したい場合は、エクスポートパネルを使用します。Figmaでは、書き出し形式を複数設定し、一括で書き出せます。

❶ 削除：書き出し形式を上から順に削除できます。

❷ 追加：書き出し形式を追加できます。

❸ 倍率：書き出し時の倍率を指定できます。

❹ サフィックス：エクスポートしたファイル名の接尾辞を指定できます。

❺ 形式：PNG、JPG、SVG、PDFの形式が選択できます。

❻ エクスポートボタン：書き出しが実行されます。

❼ プレビュー：書き出されるイメージを確認できます。

TIPS　デザインファイルをエクスポートしたい場合

デザインファイルをエクスポートしたい場合は、［メニュー］→［ファイル］→［ローカルコピーの保存］の手順で「.fig」というファイル形式でエクスポートできます。

コンポーネント・オートレイアウト・スタイル

第1章

6

デザインを効率化するために、コンポーネントやオートレイアウト、スタイルを活用することが重要です。パネルや設定方法について解説します。

1-6-1 コンポーネント

コンポーネントとは

コンポーネントとは、Figmaファイル、ページ間で共通で利用できるパーツのことを指します。ボタンやヘッダーなど、よく使われるパーツをコンポーネントにしておくことで、さまざまな場所で再利用できます。繰り返し同じパーツを使う場合は、コンポーネントの機能を活用すると便利です。

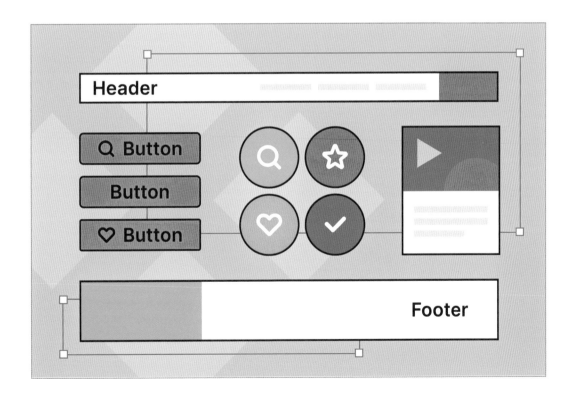

コンポーネントとインスタンス

コンポーネントには、親コンポーネントとインスタンスの2種類があります。親コンポーネントが「親」、インスタンスが「子」という関係になっています。親コンポーネントの色やサイズを変更すると、インスタンスにも変更が反映されます。逆に、インスタンスを調整しても親コンポーネントには反映しません。

インスタンスを使用したいときは、親コンポーネントを複製するか、アセットタブからキャンバスにコンポーネントをドラッグして使用します。

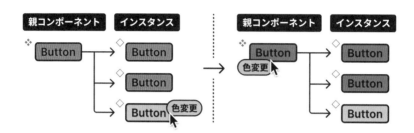

バリアント

バリアントとは、1つのコンポーネントにバリエーションを作成、追加できる機能です。ボタンを例に挙げると、ボタンのデフォルト、ホバー、フォーカス、ディスエーブル状態など基本のデザインは統一しながらコンポーネントにバリエーションを追加できます。インスタンスでは、設定したバリエーションを切り替えて利用できます。

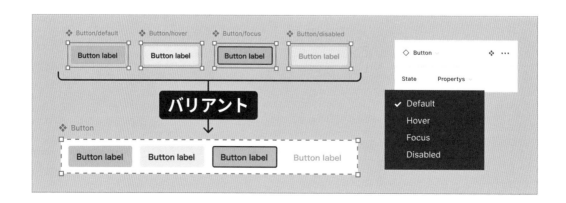

コンポーネントプロパティ

コンポーネントにプロパティを追加することで、レイヤーの表示／非表示、テキストの上書き、インスタンスの置き換えなどのプロパティ項目と名称を設定できます。ボタンを例にあげると、アイコンの有無やボタンのテキスト、アイコンの置き換えなどを設定できます。

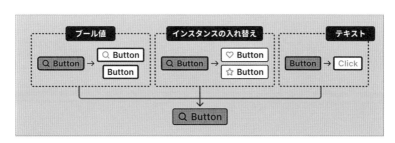

プロパティ名	機能
ブール値	設定したレイヤーの表示／非表示をトグルボタンで切り替えできます。
インスタンスの入れ替え	設定したレイヤーをプルダウンで選択し、入れ替えできます。
テキスト	テキストのデフォルト値を設定できます。

バリアントとコンポーネントプロパティの使い分け

プロパティ	使用事例
バリアント	異なるサイズ、色、スタイリング、インタラクティブな状態（ホバーなど）
コンポーネントプロパティ	表示・非表示の切り替え、カスタマイズが必要なインスタンス

バリアントとプロパティを使い分けると管理しやすいコンポーネントを作成できます。

TIPS　Figmaプレイグラウンドで練習してみよう

コンポーネントの使い方をより深く学びたい場合は、Figmaが公開しているプレイグラウンドを活用してみましょう。Figmaコミュニティの利用方法は p.71 をご参照ください。

🔗 https://www.figma.com/community/file/
1100581138025393004

● オートレイアウトとは

オートレイアウトとは、フレームとコンポーネントに追加できるプロパティで、マージン（外側の余白）やパディング（内側の余白）を自動で維持したり、オブジェクトの配置方向を設定して自動でレイアウトできます。

ボタンやカード、リスト、グローバルナビゲーション、テーブルなどの作成に便利です。パディングやマージンを保ったまま、フレームのサイズを変更することもできます。

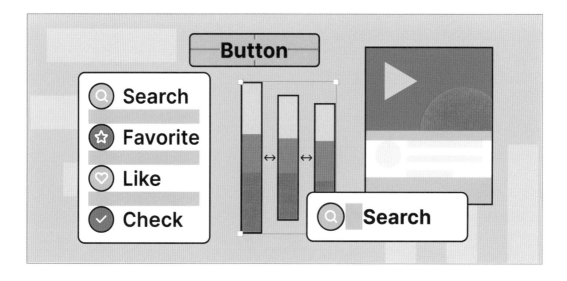

● オブジェクト間の間隔調整

オブジェクト間の間隔を数字で指定できます。

また、詳細なレイアウトパネルで「間隔設定モード」を「間隔を空けて配置」にすることで、親フレームサイズに合わせて等間隔にすることもできます。

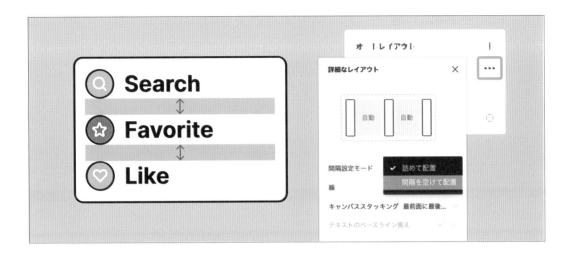

● オブジェクトの配置

親のフレームに対するオブジェクトの位置を設定できます。

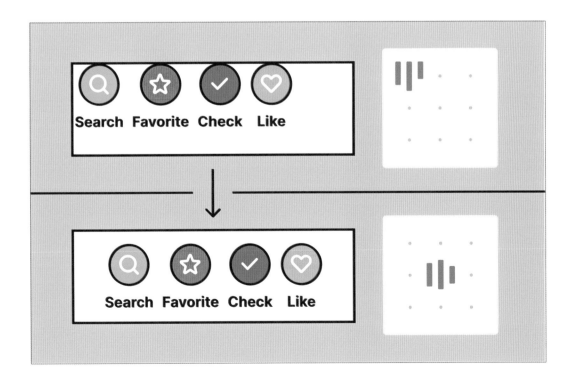

● パディングの設定

パディングとは、要素の内側の余白のことをさします。上下左右のパディングを数値で設定できます。フレームにパディングを設定することで、フレームサイズが変わってもパディングを保ったままコンテンツの幅を変えられます。

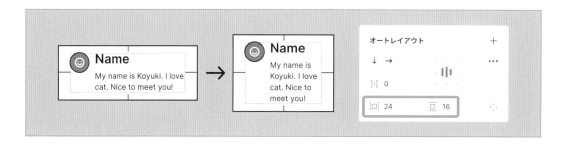

● リサイズ

フレーム、もしくはフレーム内のコンテンツのサイズが変わった際に、フレームやコンテンツのサイズがどのように変わるかを設定できる機能です。一番上の階層にあるフレームを選択している時は、「固定幅（高さ）」「ハグ（コンテンツをハグ）」の二つを選択できます。「ハグ（コンテンツをハグ）」を選択すると、コンテンツの幅（高さ）＋パディングを含めた長さに調整されます。

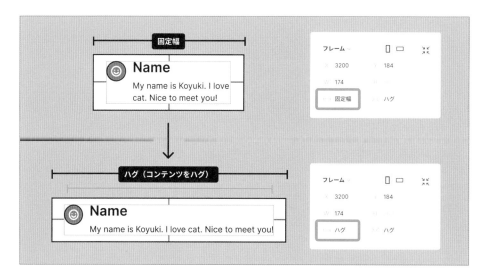

名称	機能
ハグ（コンテンツをハグ）	コンテンツの幅または高さに合わせてフレームサイズが変化
固定値	指定した幅または高さの数値にフレームサイズを固定

フレーム内のコンテンツを選択している時は、「固定幅（高さ）」「ハグ（コンテンツを内包）」「拡大（コンテナに合わせて拡大）」の三つを選択できます。コンテナとは、親フレームの幅（高さ）からパディングを差し引いた領域のことです。「拡大（コンテナに合わせて拡大）」を選択すると、コンテナの幅（高さ）にあわせてコンテンツの幅（高さ）も拡大します。

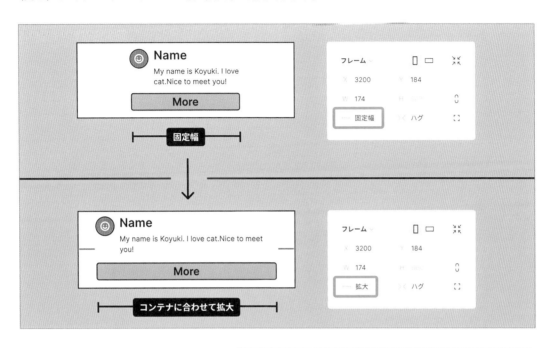

TIPS　Figmaプレイグラウンドで練習してみよう

オートレイアウトの使い方をより深く学びたい場合は、Figmaが公開しているプレイグラウンドを活用してみましょう。

🔗 **https://www.figma.com/community/file/784448220678228461**

TIPS　レイヤーの絶対位置

オートレイアウトが適用されたフレーム内でも、レイヤーを選択した状態で［絶対位置］ボタンを選択すると、レイヤーの位置を自由に指定できます。

● スタイルとは

スタイルとは、オブジェクトに適用できるプロパティを登録し再利用できる機能です。塗り、テキスト、ドロップシャドウなどの効果、レイアウトグリッドをスタイルとして登録できます。スタイルはFigmaファイルやページ間ですぐに再利用でき、登録したスタイルはいつでも編集、削除できます。スタイルを変更すると、スタイルを使用しているオブジェクトに変更が一括で反映されます。

スタイルとして登録できるプロパティの一覧を紹介します。

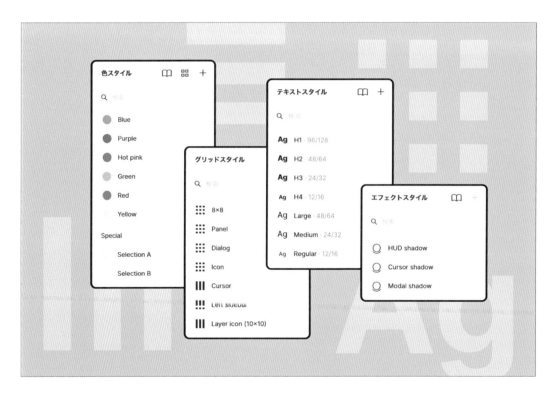

登録できるスタイル	スタイルの詳細設定
ペイントと色	塗り、線、背景色
テキスト	フォント ファミリー、サイズ、行の高さ、間隔
効果	ドロップシャドウ、インナーシャドウ、レイヤーぼかし、背景ぼかし
レイアウトグリッド	行、列、グリッド

● スタイルの設定

各プロパティパネルの右上の⊞をクリックし、スタイルパネルで［＋］をクリックすると選択していたスタイルを登録できます。また、スタイルの名称を「/」で区切った名称で登録することで、階層化して管理できます。

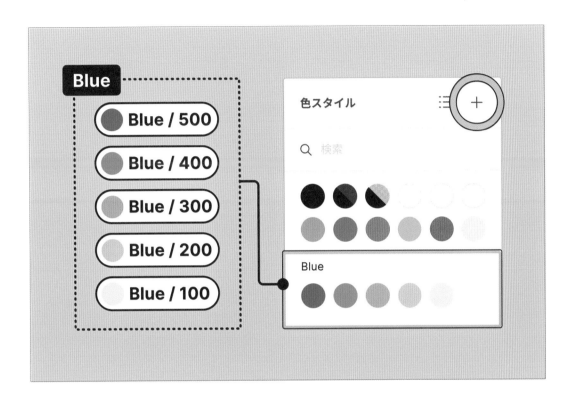

色スタイルやテキストスタイルの利用方法は利用方法は、2章の実践編で紹介しています。

TIPS **プロジェクトやファイル間で同じスタイル・コンポーネントを利用したい場合**

プロジェクト・ファイル間で同じスタイルやコンポーネントを利用したい場合は、ライブラリという機能を利用することで実現できます。共通で利用したいスタイルやコンポーネントをまとめたファイルをライブラリとして公開すると、ファイル内にあるスタイルやコンポーネントをすべてのファイル間で再利用できます。スタータープランではライブラリとして公開できるのはスタイルのみでコンポーネントはライブラリとして公開できない制限があります。

7

第1章

30分でできるサムネイル制作

ファイルブラウザで表示されるFigmaファイルのサムネイル制作を通して、基本操作を身につけていきます。

1-7-1 | サムネイル制作のながれ

ここではサンプルファイルを使用しながら、図形やテキストを作成してFigmaでのデザインを体験します。まずは見本を参考にデザインを作成し、最後にサムネイルを設定します。

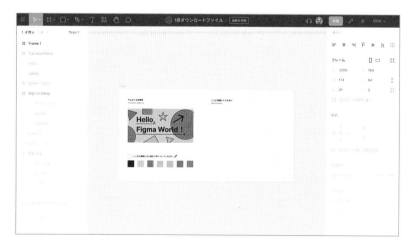

● **サムネイル制作のながれ**

1 サンプルファイルの複製
2 フレームの作成
3 テキスト・シェイプの作成・配置
4 サムネイルの設定
5 サムネイルを画像として書き出して共有

> **TIPS　サムネイルとは**
>
> サムネイルとはファイルやページなどを一覧で表示する場合に、内容の見本となる縮小した画像のこと。親指の爪（thumb + nail）のようなサイズであるという意味からきています。

1-7-2 ｜ サンプルファイルを開いて複製する

サポートサイト「🔗 **https://figma.necco.inc**」にアクセスし、1章の［Hello Figma］のサンプルファイルを開きます。ツールバーからファイル名の横にある矢印アイコンをクリックし、［ドラフトに複製］をクリックすると、ファイルがドラフトに複製されたことを示す通知がキャンバス下部に表示されます。通知から［開く］をクリックします。

複製したファイルが開くので、ファイル名をダブルクリックして任意の名前に変更しましょう。

例：Hello Figma

1-7-3 キャンバスの操作

ファイルの準備ができたので、まずはキャンバス内での操作を紹介します。実際に手を動かしながらやってみましょう。

● ズームイン・ズームアウト

ワークスペースやデザインの全体像を把握したいときはズームアウト、デザインの細部や要素を拡大して見たいときはズームインを利用します。

マウスでは ⌘ （Ctrl）を押しながらスクロール、トラックパッドではピンチでズームを使用できます。ツールバーの右端にあるメニューからも表示サイズの変更は可能です。

ズームのショートカット

機能	説明	ショートカットキー
ズームイン	表示領域を拡大します。	⌘ （Ctrl）+ +
ズームアウト	表示領域を縮小します。	⌘ （Ctrl）+ −
100%ズーム	実寸サイズで表示します。	⌘ （Ctrl）+ 0
自動ズーム調整	すべてのオブジェクトを画面に収まるように表示します。	shift + 1

キャンバスの表示位置の移動

キャンバスの表示位置を移動したい場合は、▭ （space）を押しながらドラッグまたはトラックパッドで二本指を使って上下左右にスワイプします。

1-7-4 | フレームの作成

デザインを作成する場所となる「フレーム」を用意します。Figmaでは、デバイスや画面サイズに合わせたフレームを作成し、その中に画像やテキストなどを配置してデザインを作成します。

◢ プリセットを利用したフレームの作成

ツールバーから［フレーム（F）］ツールを選択し、右サイドバーに表示されるプリセットから［Figma コミュニティ］のメニューを開き、［プラグイン/ファイルのカバー 1920×960］をクリックします。クリック後、フレームがキャンバスに作成されます。フレームをドラッグして見本の近くに移動しましょう。

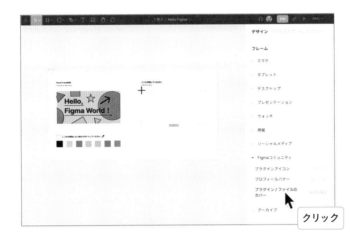

◢ フレーム名の変更

フレームを選択した状態で左サイドバーからフレーム名をダブルクリックします。「Figma サムネイル」と入力してフレーム名を変更し、キャンバスの何もない場所をクリックもしくは esc を押します。これでフレームの準備は完了です。

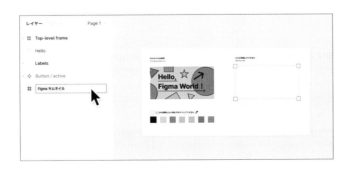

1-7-5 | テキストの作成

サムネイルに表示するテキストを作成し、フォントやサイズを指定します。

■ テキストの作成

ツールバーから［テキスト（T）］ツールを選択し、キャンバスをクリックします。カーソルが点滅してテキストを入力できる状態になるため、「Hello,（改行）Figma World!」と入力します。テキストの入力後、何もないキャンバスの場所をクリックするか、esc を押すと操作が完了します。

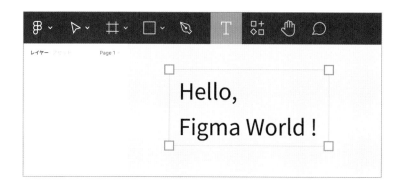

■ フォントを指定する

「Hello, Figma World!」を選択し、右サイドバーの［テキスト］パネルからフォントを選択します。ここでは「Noto Sans」を使用します。

※Noto Sansが使用できない場合は、あらかじめPCに搭載されているフォントをご使用ください。ブラウザ版のFigmaをご利用の場合は、いくつかの設定が必要になります。ブラウザ版の設定については、p.19をご参照ください。

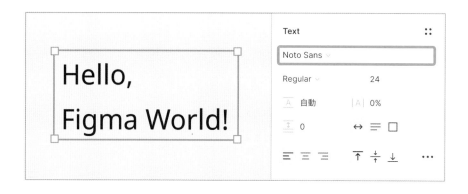

3 テキストのサイズを変更する

続けて「Hello, Figma World!」のテキストを選択した状態で、右サイドバーの［テキストパネル］からウェイト（文字の太さ）、サイズ、行間を指定します。次の設定を参考にしてください。

テキストの設定
❶ ウェイト：Bold
❷ サイズ：200
❸ 行間：140%
※行間は「%」（半角）まで入力してください。

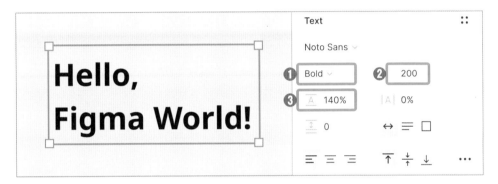

これでテキストの作成は完了です。

💡 Figmaにおけるテキストサイズの単位は「px」が基本です。行間は今回「%」で指定していますが、具体的な数値（px）の設定や、「Auto（自動）」も利用できます。

TIPS　操作の取り消しとやり直し

直前の操作を取り消したいときは ⌘（Ctrl）+ Z、やり直したいときは ⌘（Ctrl）+ shift + Z を使用します。操作を誤ったときは焦らずに取り消しましょう。操作を繰り返していくつか前の状態まで戻すことも可能ですが、やり直しには限度があるので注意しましょう。

TIPS　Figmaは自動保存がデフォルト

Figmaのデータは常にオンライン上に自動保存されるため、インターネットにつながっている状態であれば上書き保存をする必要はありません。

1-7-6 シェイプの作成と操作

デザインの基本となる長方形や円などのシェイプを作成し、サイズ変更、回転、複製などの操作を行います。

1 シェイプの作成

ツールバーから［シェイプ］ツールを選択し、［長方形（R）］をクリックします。フレームを選択してドラッグすると、長方形を作成できます。このとき shift を押しながら操作すると、縦横比率を保ったままシェイプが描画できます。長方形ツールの場合は正方形を作成できます。

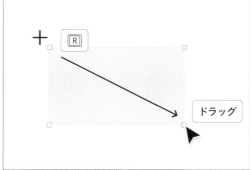

同様に［シェイプ］ツールを使用して星、丸、三角形、線、矢印などを作成してみましょう。

2 シェイプのサイズ変更

好きなシェイプを選択し、ボックスの角にカーソルを移動させると、カーソルの形状が変わります。その状態でドラッグすると、シェイプのサイズが変更できます。このとき、[shift] を押しながらドラッグすると、縦横比を維持したままサイズを変更できます。また、右サイドバーから数値を入力してサイズを指定することもできます。

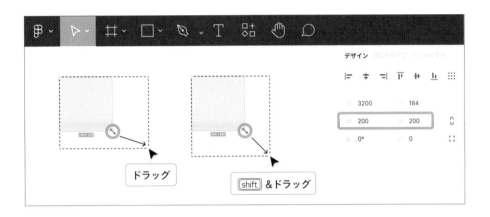

3 シェイプの回転

長方形または正方形のシェイプを選択し、オブジェクトの角にカーソルを移動させると、カーソルの形が変わります。その状態でドラッグすると、シェイプが回転します。[shift] を押しながら操作すると、15°ずつ回転できます。右サイドバーからもシェイプの回転角度を指定できます。

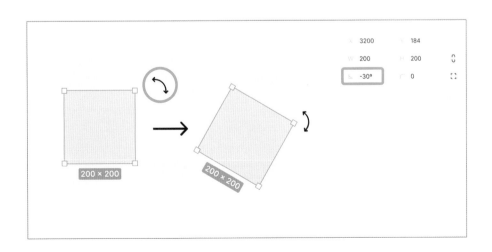

4 シェイプの複製

好きなシェイプを選択し、 option （ Alt ）を押しながらドラッグすると、シェイプが複製できます。シェイプを選択した状態で ⌘ （ Ctrl ）+ C でコピー、 ⌘ （ Ctrl ）+ V でペーストして複製することもできます。

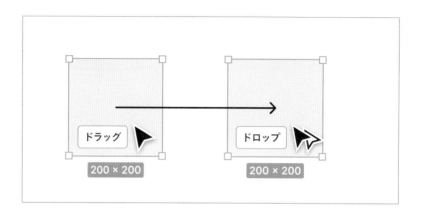

1-7-7 オブジェクトの移動

作成したオブジェクトを移動させ、フレームの中に配置します。

1 テキストをフレーム内に移動する

「Hello, Figma World!」のテキストをフレームの中にドラッグし、フレームの枠線が青色になったらドロップして配置します。

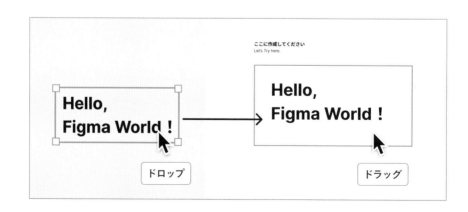

② テキストを整列させる

「Hello, Figma World!」のテキストを ⌘ (control) を押しながら選択します。整列パネルから［水平方向の中央揃え（ option (Alt) + H ）］と［垂直方向の中央揃え（ option (Alt) + V ）］を行い、テキストをフレーム中央に配置します。

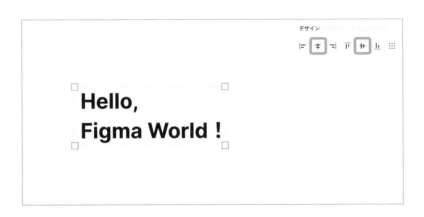

第1章

TIPS フレーム内の要素を直接選択する

フレームやグループの中の要素を直接選択したいときは、⌘ (Ctrl) を押しながら操作するとスムーズです。クリックを繰り返して目的のオブジェクトを選択することもできますが、クリック数を減らすことで手の負担軽減につながります。

---

③ レイヤーの順序を変更する

作成済みのシェイプをフレームの中に配置します。手順はテキストをフレームの中に配置したときと同じです。シェイプがテキストの上に重なってしまうため、テキストの後ろに移動させたいシェイプを選択し、右クリックします。［最背面へ移動（「）］を選択し、シェイプのレイヤーを背面に変更します。

1-7-8 | 塗りや線を追加する

■1 フレームに塗りを追加する

フレームを選択すると、右サイドバーの［塗り］パネルに現在の背景色が表示されます。デフォルトでは白になっているため、①を押してスポイトツールに切り替え、カラーサンプルの黄色いボックスをクリックします。すると、フレームの背景色が黄色になります。

■2 シェイプの色を変更する

⌘（Ctrl）を押しながらシェイプをクリックして選択します。このとき shift を押しながら操作すると、複数のシェイプをまとめて選択できます。シェイプを選択した状態でスポイトツール［①］に切り替え、カラーサンプルから好きな色を選択してください。同じ手順で残りのシェイプにも色をつけていきましょう。

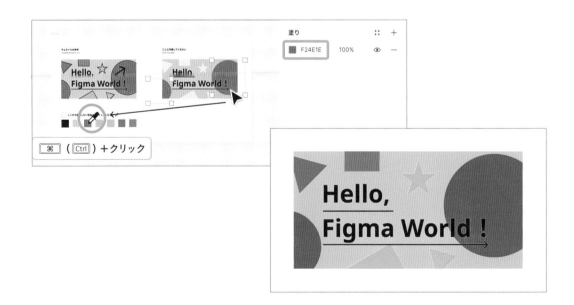

3 線の追加・太さの調整

すべてのシェイプを選択し、右サイドバーの線パネルから［＋］をクリックして線を追加します。続けて線の太さを「10」pxに指定します。

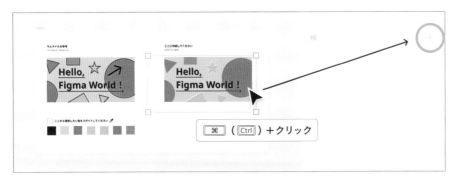

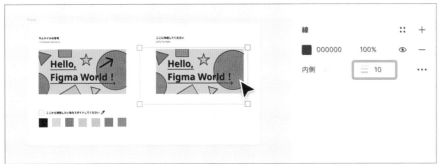

文字やシェイプの形、大きさ、色、配置などを整えたら、サムネイルの完成です。

1-7-9 | サムネイルの設定

サムネイルのフレームを選択した状態で右クリックし、[サムネイルとして設定]を選択すると、ファイルのサムネイルとして設定できます。ファイルブラウザに戻って設定したサムネイルを確認してみましょう。

1-7-10 | 画像の書き出し

作成したサムネイルを画像として書き出します。サムネイルのフレームを選択し、右サイドバーの[エクスポート] パネルから、[＋] をクリックします。書き出し形式を [png] に設定し、「Figmaサムネイルをエクスポート」ボタンをクリックします。保存先のフォルダを指定すれば書き出しの完了です。

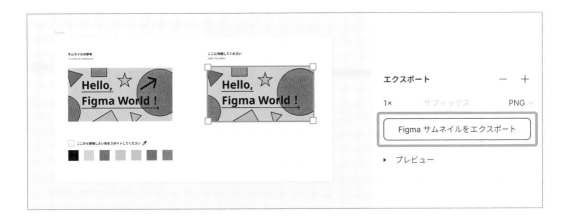

SNSなどに共有する際は、以下の＃（ハッシュタグ）をぜひご利用ください。

＃これからはじめるFigma

TIPS **エクスポートを使用しない画像のコピー＆ペースト**

フレームを選択した状態で ⌘（Ctrl）＋ shift ＋ C を押すと、2倍サイズのPNG画像をコピーできます。コピーした画像は ⌘（Ctrl）＋ V でFigmaのキャンバスやSlack、Googleドキュメント、Twitterなどにペーストできます。

TIPS　ショートカット一覧の表示方法

control（Ctrl）＋ shift ＋ ? でショートカット一覧を閲覧できます。過去に使ったことのあるショートカットは青色で表示されます。

第1章

8

Figmaコミュニティ

世界中のFigmaユーザーが、オープンソースとしてさまざまなリソースを公開しているFigmaコミュニティについて紹介します。

1-8-1 | Figmaコミュニティの概要

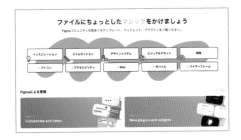

Figmaコミュニティとは、人やチーム、組織がオープンソースとしてさまざまなリソースを公開、閲覧、利用できるスペースです。Figmaユーザーであれば誰でも参加できます。

公開されているリソースは、Figmaの拡張機能であるプラグインやウィジェットをはじめ、デザインリソースとしてテンプレートやアイコン、デザインシステム、UI Kit、モックアップ、ワイヤーフレームなどのデザインリソースがあります。

🔗 **https://www.figma.com/community**

※プラグイン：Figmaの機能を拡張できるソフトウェア
※ウィジェット：キャンバスに表示できる簡単な機能のアプリ

Figmaコミュニティはファイルブラウザの左サイドバーから移動できます。

Figmaコミュニティに移動すると、UIKitやアイコン、デザインシステムなどさまざまなファイルが公開されており、閲覧し複製することができます。世界中のFigmaユーザーの制作プロセスやつくりかたを学ぶことができるのでぜひ活用してみてください。

コンポーネントやオートレイアウトで紹介したプレイグラウンドのファイルなどもFigmaコミュニティのファイルとして公開されています。

1-8-2 コミュニティファイルの複製方法

コミュニティファイルを複製したいときは、ファイルの詳細ページにいき「コピーを取得する」ボタンをクリックすると複製できます。複製されたファイルは下書きに保存されます。

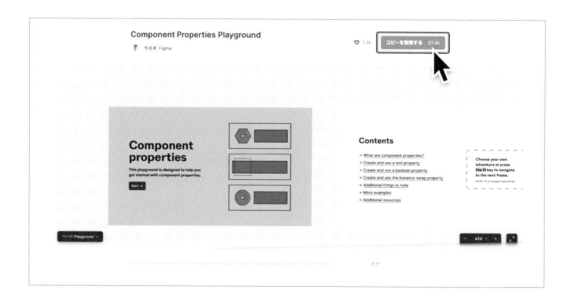

Figma 公式リソース

Figmaには公式のヘルプセンターやYouTubeチャンネルがあります。Figma についてわからないことがある場合や理解を深めるときに活用してみましょう。

● Figma ヘルプセンター

Figmaヘルプセンターでは、Figmaの設定、ツールの使い方、各プランの説明、チーム管理などの本書でも掲載しきれない詳細な内容が豊富に掲載されています。検索することもできますので、ヘルプセンターを利用してみてください。

🔗 https://help.figma.com/hc/ja

● Figma YouTube チャンネル

FigmaのYouTubeチャンネルでは新機能の紹介動画やチュートリアル動画、プラグインの作り方、Figmaのカンファレンスである「Config」の各セッションを視聴できます。

英語ではありますが、最新情報をいちはやく入手できます。

🔗 **https://www.youtube.com/c/Figmadesign/featured**

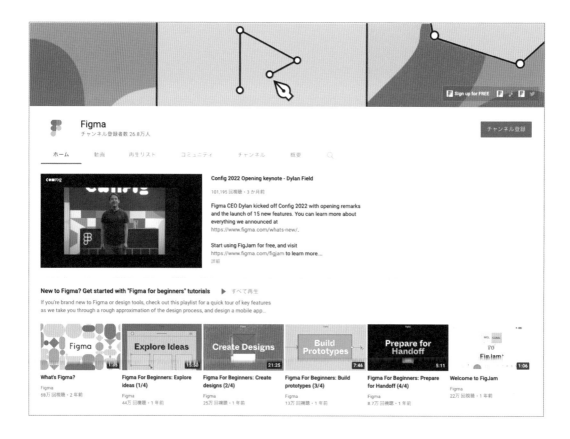

実践編
Figmaで実践する
Webデザイン制作体験

本章では、シンプルなポートフォリオサイトをデザインしながらFigmaを使ったWebサイト制作を体験します。

第2章
1 ポートフォリオサイトのデザイン作成

Figmaを使ったWebサイト制作の一歩として、シンプルなポートフォリオサイトをデザインします。

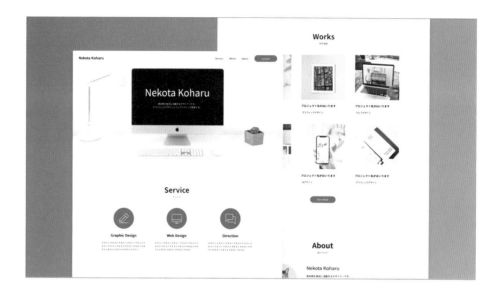

2-1-1 ポートフォリオサイトとは

ポートフォリオサイトとは、デザイナーやイラストレーター、フォトグラファーなどが自身の実績を紹介するためのWebサイトです。主に仕事の営業や転職時の提出用として作成することが多く、これまでの制作実績や自己紹介、連絡先などを掲載するのが一般的です。

2-1-2 ポートフォリオサイトのデザインの流れ

本章では、次の手順でポートフォリオサイトのデザインを進めます。デザインに使用するパーツ（コンポーネント）の作成から、画像やテキストを使ったコンテンツのデザインなどを行い、実際のWebサイト制作に近い流れでFigmaの操作を体験します。

2-1-3 作成するポートフォリオサイトの構造

本章では次の構造のポートフォリオサイトをデザインします。実際のポートフォリオサイトでは実績や連絡先などをより詳しく紹介する「下層ページ」を作成することが多いですが、本章では「ホーム」のみ作成します。基本操作を覚えるとさまざまなバリエーションのデザインが作成できるようになるため、ホームのデザインができたら、ぜひ下層ページのデザインにも挑戦してみてください。

❶ グローバルナビゲーション

ページ上部に表示される共通のナビゲーションです。ロゴやメニュー、ボタンなど主要ページへのリンクを組み合わせ、見たいページにすぐにたどり着けます。

❷ メインビジュアル

Webサイトにアクセスして最初に表示されるイメージの部分です。キービジュアルやヒーローイメージとも呼ばれます。本作例では画像の上にポートフォリオサイトの持ち主の名前と短い紹介文を表記しています。

❸ ファーストビュー

❹ 主要コンテンツ

（Service・Works・About）

提供できるサービスと制作実績の紹介、短い自己紹介文を掲載するセクションです。

❺ フッター

コピーライトを表記したフッターです。

使用フォント：

Noto Sans JP（Google Fonts）

第2章

2

ファイルの準備

ポートフォリオサイトのデザインファイルを作成し、ファイル名の編集を
行います。

2-2-1 ファイルの作成

Figmaのホーム画面から［デザインファイルを新規作成］ボタンをクリックし、無題のデザインファ
イルを作成します。

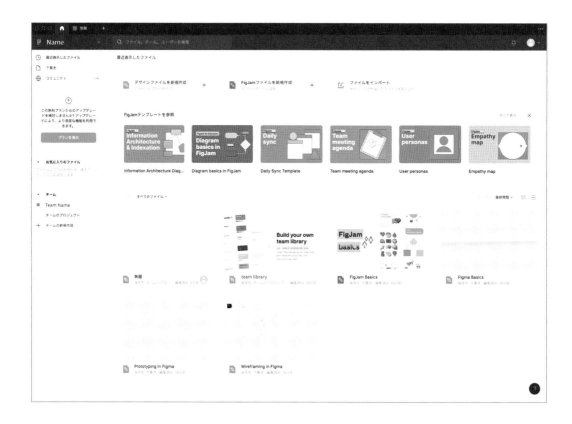

2-2-2 ファイル名の変更

ツールバーの中央に表示されたファイル名［無題］をクリックし、「ポートフォリオサイト」に変更します。画面上部の 🏠 タブをクリックするとファイルブラウザに戻ることができ、先ほど作成したファイルの名前が「ポートフォリオサイト」になっていることが確認できます。

ファイル名の変更が確認できたら、ポートフォリオサイトのファイルに戻りましょう。ここからデザインを進めていきます。

第2章

3 色スタイルの作成

Webサイトのデザインを効率的に行うため、まずは使用する色をスタイル登録していきます。

2-3-1 色スタイルとは

色スタイルとは、デザインで繰り返し使用する色を登録して、いつでも再利用できる機能です。デザインの最初の段階でスタイルを登録しておくことで、使用する色のばらつきを減らすことができ、修正作業の効率化もできます。色の名前も設定できるため、チームでの情報共有にも役立ちます。

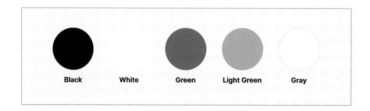

2-3-2 色スタイルの登録に使用するシェイプの作成

■ シェイプの作成

ツールバーから［シェイプ］ツールを選択し、［楕円（O）］ツールを使用します。キャンバスをクリックし、shift を押しながら正円を作成します。円の大きさは右サイドバーから幅と高さを「80」pxに指定しておきましょう。

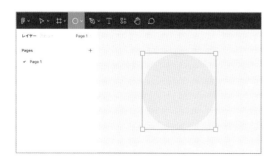

2 シェイプの複製

円を選択した状態で option （ Alt ） を押しな
がら右にドラッグ＆ドロップして複製します。
このとき shift を押しながら操作すると、図
形をまっすぐ横に複製できます。

円を1つ複製したら、 ⌘ （ Ctrl ）＋ D で複製を繰り返し、5つの円を作成します。前述した
option （ Alt ）とドラッグ＆ドロップを使った複製方法も便利ですが、 ⌘ （ Ctrl ）＋ D を活用す
ることで素早く等間隔にシェイプを複製できます。

3 シェイプの色を変更する

円を1つ選択し、右サイドバーの［塗り］パネルでカラーコードを入力します。本作例のポートフォ
リオサイトでは5つの色を使用するため、左から順に次の色を指定していきましょう。

色名	カラーコード
■ Black	#000000
□ White	#FFFFFF
■ Green	#296A65
■ Light Green	#2FAC9E
□ Gray	#EEEEEE

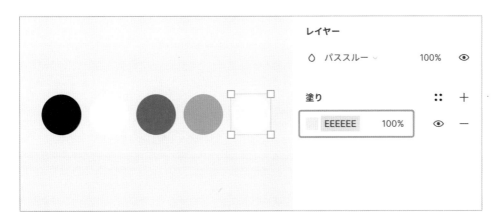

2-3-3　色スタイルの登録

ここまでに作成した5つの円を使って、色スタイルを登録します。1つ目の黒い円を選択し、[塗り]パネル上部の[スタイル]アイコンをクリックします。[色スタイル]パネルが表示されるため、さらにパネル右上の[スタイルを作成]アイコンをクリックします。

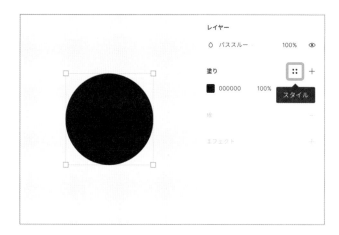

色スタイルの登録名を入力し、新しい色のスタイルを作成します。本作例では「Portfolio」という階層で色を管理したいので、スタイル名は「Portfolio/Black」にします。[スタイルの作成]をクリックし、1つ目の色スタイル「Portfolio/Black」の登録完了です。右サイドバーから色のスタイルが登録されているのを確認できます。

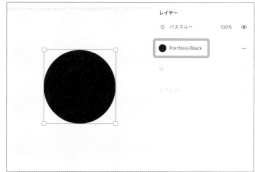

💡 スタイルは「/」で階層を区切ることができ、さらに「/」を増やすことで細分化できます。

同じ手順で残りの4色もスタイル登録していきます。カラーコードと色の名前は次表を参考にしてください。すべての色のスタイル登録が完了すると、右サイドバーからPortfolioのスタイルとしてBlack、White、Green、Light Green、Grayの5色が登録されているのが確認できます。

色名	カラーコード
■ Portfolio/Black	000000
□ Portfolio/White	FFFFFF
■ Portfolio/Green	296A65
■ Portfolio/Light Green	2FAC9E
□ Portfolio/Gray	EEEEEE

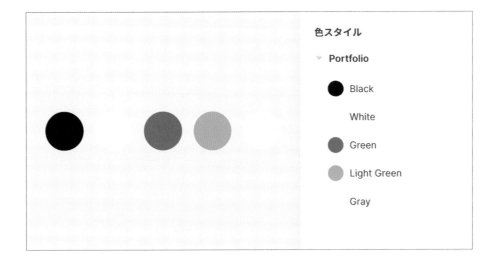

テキストスタイルの登録

繰り返し使用するテキストのフォントや設定を登録し、スタイルとして利用できるようにします。

2-4-1 テキストスタイルとは

テキストスタイルとは、デザインで繰り返し使用するテキストを登録して、いつでも再利用できる機能です。文字のサイズ、色、ウェイト、行間、文字間などを登録でき、あとから一括で変更できます。色スタイルと同様に名前も設定できるので、本文や見出し、キャプションなどの名前を付けて判別しやすくすることもできます。

ここでは最小を12px、最大を64pxとした8種類のテキストサイズを用意し、それぞれRegularとBoldのウェイトを揃えたテキストスタイルを作成します。

2-4-2 スタイル登録用のテキスト作成

■ スタイル登録用のテキストの作成

ツールバーから［テキスト（Ｔ）］ツールを選択し、「Portfolio/64px-Regular」と入力します。次に右サイドバーの［テキスト］パネルからフォントを選択します。ここでは「Noto Sans JP」を使用します。

※Noto Sans JP が使用できない場合、PCにあらかじめ登録されているフォントをご使用いただいて問題ありません。

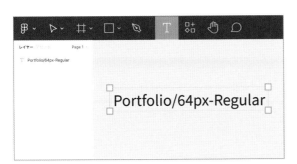

「Portfolio/64px-Regular」のテキストを選択した状態で、右サイドバーの［テキストパネル］からフォントのウェイト❶、サイズ❷、行間❸を指定します。フォントの設定は下記をご参考ください。

❶ **ウェイト**：Regular
❷ **サイズ**：64
❸ **行間**：160%
※単位「%」（半角）まで入力します。

TIPS **テキストの編集方法**

入力済みのテキストを変更したい場合は、テキストをダブルクリックして変更します。入力後は esc を押すか、キャンバスの何もない場所をクリックすれば操作完了です。

---

② テキストの複製

「Portfolio/64px-Regular」のテキストを選択し、option（Alt）を押しながらテキストを下にドラッグして複製します。このとき shift を押しながら操作すると、テキストをまっすぐ下に複製できます。

テキストを1つ複製した後は、⌘（Ctrl）＋D で複製の操作を繰り返し、合計8つのテキストを作成します。

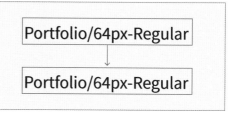

Portfolio/64px-Regular
Portfolio/64px-Regular
Portfolio/64px-Regular
Portfolio/64px-Regular
Portfolio/64px-Regular
Portfolio/64px-Regular
Portfolio/64px-Regular
Portfolio/64px-Regular

③ テキストの内容とレイヤー名を編集する

8つに複製した「Portfolio/64px-Regular」のテキストのうち、2つ目をダブルクリックして「64」の部分を「48」に変更します。同じ手順で3〜8つ目のテキストも数字を変更します。

❶ Portfolio/64px-Regular
❷ Portfolio/48px-Regular
❸ Portfolio/32px-Regular
❹ Portfolio/24px-Regular
❺ Portfolio/18px-Regular
❻ Portfolio/16px-Regular
❼ Portfolio/14px-Regular
❽ Portfolio/12px-Regular

❶ Portfolio/64px-Regular
❷ Portfolio/48px-Regular
❸ Portfolio/32px-Regular
❹ Portfolio/24px-Regular
❺ Portfolio/18px-Regular
❻ Portfolio/16px-Regular
❼ Portfolio/14px-Regular
❽ Portfolio/12px-Regular

テキストの内容をすべて編集したら、各テキストを選択しながら左サイドバーの［レイヤー］パネルに表示されているレイヤー名とテキストの内容が一致しているのを確認します。例として、「Portfolio/12px-Regular」のテキストを選択すると、レイヤー名も等しく「Portfolio/12px-Regular」になっています。

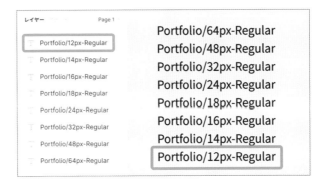

● レイヤー名の変更方法

レイヤー名とテキストの内容が一致しない場合は、左サイドバーからレイヤー名を変更します。テキストを選択した状態でレイヤー名をダブルクリックすると、レイヤー名を変更できます。

TIPS **テキストとレイヤー名の関係**

テキストオブジェクトのレイヤー名は、デフォルトでは入力したテキストが反映されます。ただし、一度左サイドバーからレイヤー名を変更してしまうと、それ以降レイヤー名は固定され、テキストの内容が反映されることはありません。

---

4 フォントサイズを指定する

すべてのテキストとレイヤー名が変更できたら、「Portfolio/48px-Regular」を含む次のテキストのサイズを指定します。サイズは次表を参考にしてください。フォントの種類はNoto Sans JP、行間は160%のまま変更せずに進めます。

テキストの内容	サイズ（px）
Portfolio/64px-Regular	64
Portfolio/48px-Regular	48
Portfolio/32px-Regular	32
Portfolio/24px-Regular	24
Portfolio/18px-Regular	18
Portfolio/16px-Regular	16
Portfolio/14px-Regular	14
Portfolio/12px-Regular	12

すべてのテキストの編集が完了すると、上から下にかけてテキストが小さくなるフォントスケールができます。

TIPS　フォントスケールとは

小さいものから大きいものまで、サイズの異なるフォントを組み合わせたものをフォントスケールとよびます。フォントスケールを用いてデザインすることで、Webサイトに統一感やリズムを生み出せます。

5 テキストの間隔を指定する

作成したフォントスケールのテキストをまとめて選択し、選択範囲の右下に表示される［均等配置］アイコンをクリックします。するとテキストが等間隔に整列します。そのまま右サイドバーから［アイテム間の間隔］を「16」に指定します。

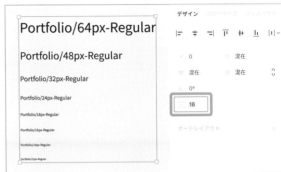

テキストの位置が整い、Regularウェイトのフォントスケールが完成しました。

⑥ テキストをまとめて複製する

次に、Boldウェイトのテキストを用意します。先ほど作成したフォントスケールのテキストをすべて選択し、`option`（`Alt`）］を押しながらドラッグ＆ドロップして複製します。このとき `shift` を押しながら右側に複製し、左右のテキストが重ならないように距離をとります。

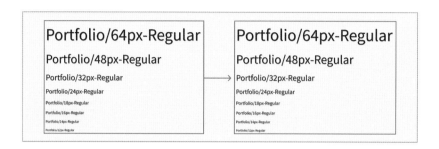

⑦ テキストのウェイトを一括で変更する

複製したテキストをすべて選択し、右サイドバーの［テキスト］パネルからフォントのウェイトを［Bold］に変更します。

フォントのウェイトを一括でBoldに変更できました。

ウェイトをBoldにしたテキストの内容が「Portfolio/…Regular」になっているため、各テキストを
ダブルクリックして編集し、末尾の「Regular」をすべて「Bold」に変更します。

テキストスタイルの登録に必要な「Regular」と「Bold」のフォントスケールが完成しました。

2-4-3 　テキストスタイルの登録

テキストスタイルの登録は、色スタイルの登録と同じ手順で1つずつ行うこともできますが、ここで
は作業を効率化するためにプラグイン「Styler（スタイラー）」を使用します。プラグインの使い方
も確認しながら進めましょう。

● 「Styler」を使用してテキストスタイルを登録する

RegularおよびBoldのテキストをすべて選択した状態で、[shift] + [I] を押して［リソース］ツール
を開きます。リソースツールのタブから［プラグイン］を選択し、「Styler」を検索します❶。
Stylerが表示されたら右端の［実行］をクリックします❷。メニューから［Generate Style］をクリッ
ク し、テキストスタイルを登録します。

テキストスタイルの登録が完了すると、キャンバス下部に「Created: 16 - ・・・」と登録結果が表示されます。これでテキストスタイルの登録は完了です。

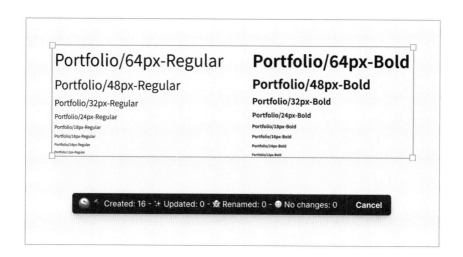

登録済みのテキストスタイルは、キャンバスをクリックして右サイドバーから確認できます。一覧が表示されない場合は、[Portfolio] のドロップダウンメニューを開きます。

2-4-4 | 登録済みのテキストスタイルを並び替える

右サイドバーからテキストスタイルの一覧を見ると、テキストのウェイトやサイズが不規則になっています。そのままでもテキストスタイルは利用できますが、昇順または降順で規則的に並べておくことでテキストスタイルを選択しやすくなります。

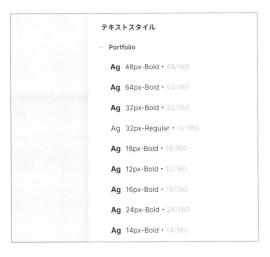
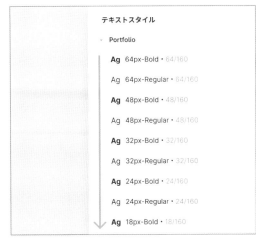

● テキストスタイルの並べ替え方法

キャンバスをクリックして右サイドバーに登録済みのテキストスタイルを表示します。並べ替えたいスタイルの上にカーソルを移動させると、青い枠が表示されます。ドラッグして目標の位置にカーソルを移動させると太線が表示されるため、ドロップして並べ替えます。

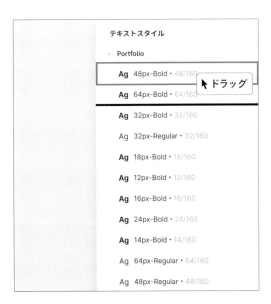

ボタンのコンポーネントの作成

Webサイトやアプリケーションのデザインで頻繁に使用する、ボタンのコンポーネントを作成します。

2-5-1 ボタンの概要

ここではオートレイアウト機能を使用して、テキストの長さに応じて横幅が自動で変化するボタンを作成します。また、何度も同じデザインをしなくても済むようにコンポーネントを作成します。
※コンポーネントとオートレイアウトの機能については、p.47〜53で解説しています。

2-5-2 オートレイアウトを使用したボタンの作成

1 ボタンテキストの作成

[テキスト（□）]ツールを使用して、「Button Text」という内容のテキストを作成します。作成したテキストを選択した状態で右サイドバーの[テキスト]パネルから[スタイル]アイコンをクリックし、登録済みのPortfolioのテキストスタイルから[16px-Regular]を選択します。

2 オートレイアウトを追加する

「Button Text」を選択し、shift + A でオートレイアウトを追加します。オートレイアウトが追加されると、キャンバス下部に「オートレイアウトが追加されました」と表示されます。オートレイアウトを追加したテキストは、自動的にフレームの中に入ります。

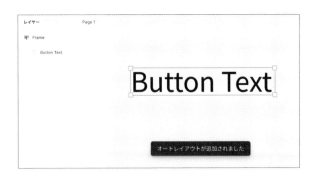

TIPS **オートレイアウトの解除方法**

❶ オートレイアウトを解除してフレームに変更したい場合は、フレームを選択して option
（Alt）+ shift + A の操作を行います。

❷ オートレイアウトを解除してテキストなどのオブジェクトに戻したい場合は、フレームを選択して ⌘（Ctrl）+ shift + G の操作を行います。

---

3 ボタンの背景色を変更する

オートレイアウトを適用した「Button Text」のフレーム名をクリックし、フレームを選択します。右サイドバーの［塗り］パネルから［スタイル］アイコンをクリックし、色スタイルから［Green］を選択すると、フレームの色を変更できます。

4 テキストの色を変更する

⌘（Ctrl）を押しながら「Button Text」のテキストをクリックし、右サイドバーの［塗り］パネルから［スタイル］アイコンをクリックします。色スタイルから［White］を選択すると、テキストの色が変更できます。

 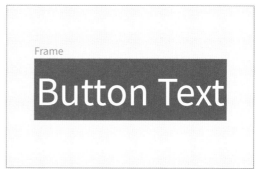

5 パディングの指定

「Button Text」のフレームを選択し、右サイドバーの［フレーム］パネルから水平および垂直方向のサイズ設定で［ハグ（コンテンツを内包)］を選択します。

つづけて［オートレイアウト］パネルで下記の設定を行うと、テキストが中央に表示された四角いボタンになります。

オートレイアウトの設定
❶ レイアウト　中央揃え
❷ 水平パディング　48
❸ 垂直パディング　10

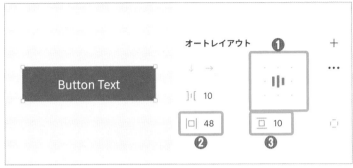

6 ボタンの角を丸くする

ボタンのフレームを選択し、右サイドバーの［フレーム］から［角の半径］を「50」にします。角が丸くなり、ボタンのデザインが完成します。

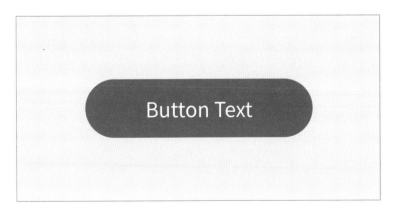

2-5-3　ボタンをコンポーネントにする

■ コンポーネントの作成

作成したボタンのフレームを選択し、ツールバーの［コンポーネントの作成］アイコンをクリックします。`option`（`Alt`）+ `⌘`（`Ctrl`）+ `K` のショートカットでもコンポーネントを作成できます。コンポーネントの作成が完了すると、ボタンのフレームの色が変わり、フレーム名の左側に親コンポーネントのアイコンが表示されます。

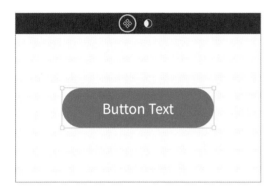
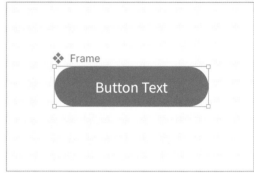

■ コンポーネント名の変更

ボタンのコンポーネント名をダブルクリックし、「Portfolio/Button」と入力します。フレーム名は左サイドバーの［レイヤー］パネルからも変更できます。

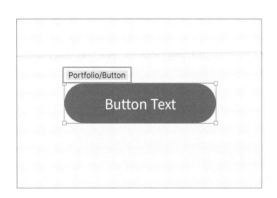
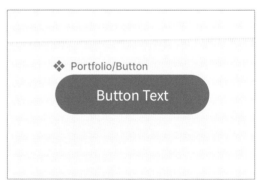

これでボタンのコンポーネントは完成です。ここで作成したボタンを再利用したいときは、左サイドバーの［アセット］タブから「Button」と検索します。

グローバルナビゲーションの作成

第2章 ─ 6

ページの上部に表示する、ロゴやメニュー、ボタンなど主要ページへの
リンクを組み合わせた「グローバルナビゲーション」を作成します。

2-6-1 グローバルナビゲーションの概要

ここでは左側にポートフォリオサイトの持ち主の名前（例：Nekota Koharu）、右側にメニューとボ
タンを配置したグローバルナビゲーションを作成します。メニューおよびグローバルナビゲーション
のレイアウトにはオートレイアウトを使用し、ボタンは事前に作成したコンポーネントを活用します。

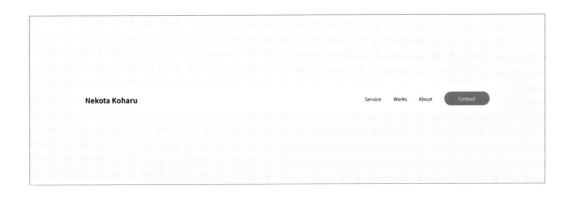

2-6-2 グローバルナビゲーションのパーツを作成する

まずはポートフォリオサイトの持ち主の名前とメニューを作成し、グローバルナビゲーションに必要
なパーツを用意します。

📗 名前のテキストを作成する

[テキスト（Ⓣ）] ツールで「Nekota Koharu」と入力し、テキストを作成します。ここではサンプルの名前を使用しますが、ご自身の名前を入れていただいても結構です。作成したテキストには次図のテキストスタイルと色スタイルを適用します。

スタイルの設定

テキストスタイル 24px-Bold
色スタイル Black

📗 メニューの作成

① [テキスト（Ⓣ）] ツールで「Service」「Works」「About」のテキストを作成し、次のスタイルを適用します。

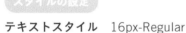

スタイルの設定

テキストスタイル 16px-Regular
色スタイル Black

②メニューのテキストをすべて選択し、[shift] + [A] でオートレイアウトを追加します。つづけて[オートレイアウト] パネルの [アイテム間の間隔] を「40」に設定すると、3つのメニューが40pxの間隔をあけて均等に配置されます。これでメニューは完成です。

3 ボタンのコンポーネントを使用する

左サイドバーの [アセット] タブから [ローカルコンポーネント] のメニューを表示または検索バーから「Button」を検索します。ボタンのコンポーネント (Portfolio/Button) が表示されるため、キャンバスにドラッグ＆ドロップしてインスタンスを作成します。
※インスタンスについては、p.48で説明しています。

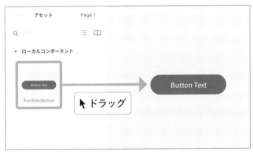

[⌘] ([Ctrl]) を押しながらボタンのテキストをダブルクリックし、テキストを「Contact」に変更すれば、グローバルナビゲーションで使用するボタンの完成です。

2-6-3 パーツを組み合わせてグローバルナビゲーションの作成

■ オートレイアウトの追加と幅の指定

これまでに作成した名前（Nekota Koharu）、オートレイアウトを適用したメニューのフレーム、ボタンをすべて選択し、[shift] + [A] でオートレイアウトを追加します。つづけて、右サイドバーの［フレーム］パネルから［水平方向のサイズ調整］を［固定（固定幅）］にします。

水平方向のサイズ調整を［固定（固定幅）］にすると［フレーム］パネルで幅の指定が可能になるため、「1440」と入力します。1440pxは作成するポートフォリオサイトのフレームの幅と同じです。

横幅を指定するとボタンの右側に余白ができるため、[オートレイアウト］パネルの［詳細なレイアウト設定］アイコンをクリックし、[間隔設定モード］を［間隔を空けて配置］に変更します。

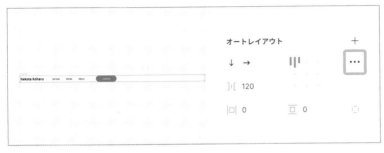

フレームの幅に合わせて3つのパーツが均等配置できました。

② メニューとボタンのレイアウトを調整する

メニューのフレームとボタンを選択し、[shift] + [A] でオートレイアウトを追加します。[フレーム］パネルの水平・垂直方向のサイズ調整では［ハグ（コンテンツを内包）］を選択し❶、オートレイアウトの設定は下記を参考にします。

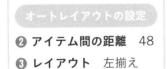

オートレイアウトの設定
❷ アイテム間の距離　48
❸ レイアウト　左揃え

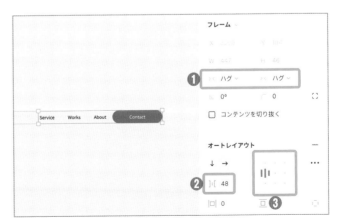

 **グローバルナビゲーショの余白を指定する**

グローバルナビゲーションのフレームを選択し、[オートレイアウト] パネルで下記の設定をします。

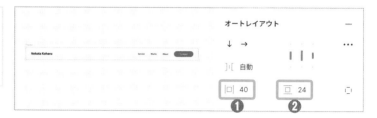

オートレイアウトの設定
❶ 水平パディング　40
❷ 垂直パディング　24

グローバルナビゲーションのフレーム名を変更する

グローバルナビゲーションのフレームを選択した状態でフレーム名をダブルクリックし、「Navigation」に変更します。名前が変更できたらグローバルナビゲーションのデザインは完成です。

TIPS　**コンポーネントの活用**

グローバルナビゲーションはサイト内のすべてのページで表示される要素です。ボタンと同じようにコンポーネントにしておくことで、ほかのページでも再利用しやすく、内容の変更が必要な場合にも親コンポーネントの変更が反映されるため、作業の効率化ができます。とくにページ数が多いWebサイトではコンポーネントの活用がおすすめです。

フレームの作成

第2章
7

デザインを作成する場所となる「フレーム」を作成します。

2-7-1 プリセットを利用したフレームの作成

ツールバーから［フレーム（Ｆ）］ツールを選択します。右サイドバーのフレームプリセットから［デスクトップ］のドロップダウンメニューを開き、［デスクトップ 1440×1024］をクリックします。キャンバスに幅1440px、高さ1024pxのフレームを作成できるので、名前を「Portfolio」にしておきましょう。

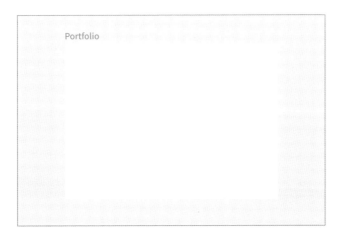

2-7-2 フレームの高さを変更する

「Portfolio」のフレームを選択し、底辺をドラッグして下に伸ばします。フレームの高さはあとで変更できますが、ここでは「4000px」を目安にします。適度にドラッグでフレームを伸ばしたら、右サイドバーから［フレーム］パネル内の［H］（高さ）を「4000」に変更しましょう。

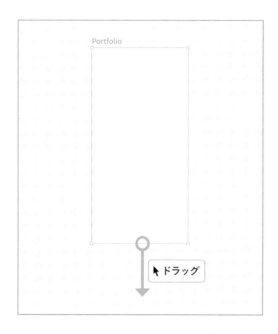

TIPS **フレームサイズを変更するときの注意点と操作**

フレームの中にテキストやアイコンなどの要素があるとき、フレームの辺を選択・ドラッグしてサイズ変更するとフレームサイズに合わせて 中の要素が変形してしまう場合があります。この問題は ⌘ （Ctrl）を押しながらフレームを操作することで解決できます。

8 ファーストビューの作成

第2章

すでに作成した「グローバルナビゲーション」と、これから作成する「メインビジュアル」を組み合わせてファーストビューを作成します。

2-8-1 ファーストビューの概要

グローバルナビゲーションをフレームの上部に配置し、メインビジュアルと組み合わせてファーストビューを作成します。ファーストビューは訪問者にとってはじめに目にするエリアになります。ここではサイト名であるロゴと各ページでの共通メニューであるグローバルナビゲーション、メインビジュアルとして写真を配置していきます。

2-8-2 グローバルナビゲーションをフレームに配置する

事前に作成したグローバルナビゲーションを選択し、「Portfolio」のフレーム内にドラッグして配置します。

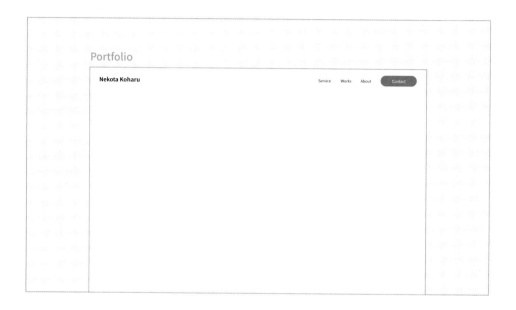

> TIPS **フレーム内で要素の位置を指定する方法**
>
> グローバルナビゲーションをフレーム上部に隙間なく配置する場合、次の2つの方法があります。
>
> ### ① 整列ショートカット
>
> グローバルナビゲーションを選択し、option（Alt）+ H で水平方向の中央揃え、option（Alt）+ W で上端揃えができます。右サイドバーの整列パネルでも同じ操作が可能ですが、作業時間の短縮にはショートカットキーの使用がおすすめです。
>
> ### ② 数値指定
>
> グローバルナビゲーションを選択し、右サイドバーの［フレーム］パネルで［X］軸と［Y］軸の値を「0」にします。フレーム内では左上を基準にX軸・Y軸の数値指定が可能です。要素のレイアウトが決まっている場合には、数値指定が便利です。

2-8-3 メインビジュアルの作成

メインビジュアルはWebサイトを開いて最初に表示されるイメージの部分です。キービジュアルや
ヒーローイメージとも呼ばれます。

1 画像の配置

サンプルファイルから画像「MV」を選択し、⌘（Ctrl）＋ Ⓒ でコピーします。続けて作業中の
ファイルに戻ってPortfolioのフレームを選択し、⌘（Ctrl）＋ Ⓥ で画像をペーストします。画
像の位置はヘッダーをフレーム上部に配置したときと同様、［整列］パネルまたはショートカットを
使用して中央・上端揃えにします。

※本書のサポートサイトとサンプルファイルについては、P.10を参照。

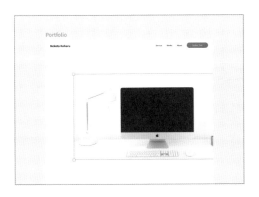

■ MV（メインビジュアル）

2 レイヤーの重ね順を変更する

画像をフレーム上部に配置すると、グローバルナビゲーションが隠れてしまうため、画像を選択し
[「] でレイヤーの重ね順を変更します。

TIPS　**レイヤーの順序を変更するショートカット**

レイヤーの順序は以下のショートカットで変更できます。作業速度を上げるために覚えてお
くと便利です。

レイヤーの操作	ショートカットキー
レイヤーの階層をひとつ上げる	⌘ (Ctrl) + 」
レイヤーの階層をひとつ下げる	⌘ (Ctrl) + 「
レイヤーの階層を一番上にあげる	」
レイヤーの階層を一番下にさげる	「

---

3 メインビジュアルをフレームにする

画像を選択した状態で右クリックし、[選択範囲のフレーム化] を選択すると、画像が自動的にフレー
ムに入ります。ショートカットキーは option (Alt) + ⌘ (Ctrl) + G です。メインビジュアル
をフレームにすることで、テキストなど、中の要素の位置を指定しやすくなります。

◢ メインビジュアルに表示するテキストの作成

ツールバーから［テキスト（T）］ツールを選択し、メインビジュアルのフレーム内で次の2つのテキストを作成します。それぞれテキストスタイル、色スタイルも適用します。

作成するテキスト	テキストスタイル	色スタイル
Nekota Koharu	64px-Regular	White
東京都を拠点に活動するデザイナーです。グラフィックデザインとWebデザインが得意です。	14px-Regular	White

作成した2つのテキストをまとめて選択し、右サイドバーの［テキスト］パネルから［テキスト中央揃え］アイコンをクリックします。そのまま shift ＋ A でオートレイアウトを追加し、下記の設定を行います。

オートレイアウトの設定
❶ **方向** 縦
❷ **間隔** 16
❸ **レイアウト** 中央揃え

最後にテキストの位置を整えます。水平方向の位置は２つのテキストを含むフレームを選択した状態で［整列］パネルから［水平方向の中央揃え］を選択または option （ Alt ）＋ H で中央揃えにします。垂直方向の位置はテキストのフレームを選択し、ドラッグして画像内のPCディスプレイの中央に配置します。テキストの配置ができたら、メインビジュアルの完成です。

Service（サービス）セクションの作成

第2章

9

提供できるサービスを紹介するセクションを作成します。繰り返し使用するセクション見出しのコンポーネントも作成します。

2-9-1　サービスセクションの概要

英語と日本語を組み合わせたセクション見出しのコンポーネントを作成し、繰り返し使用できるようにします。提供できる3つのサービスは、アイコン、サービス名、説明文を使ってわかりやすく紹介します。アイコンを使用することで目をひきやすく、できることが直感的に伝わります。ここではアイコンの素材を用意していますが、オリジナルアイコンを使用することでより自分らしさ、世界観を表現できます。

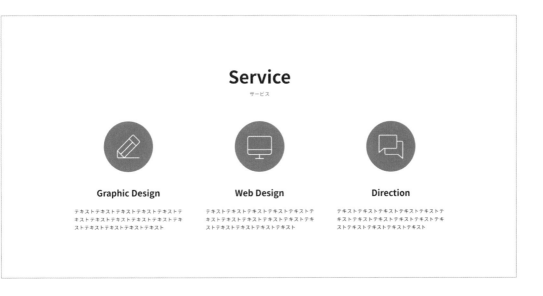

2-9-2 セクション見出しのコンポーネントを作成する

■ セクション見出しの作成

［テキスト（T）］ツールを使用して、「Service」と「サービス」2つのテキストを作成します。いずれも右サイドバーの［テキスト］パネルで［テキスト中央揃え］に設定しておきます。

また、右サイドバーの［塗り］および［テキスト］パネルから下記のスタイルを適用し、英語の見出しの下に日本語の見出しを添えるデザインを作成します。

作成するテキスト	テキストスタイル	色スタイル
Service	48px-Bold	Black
サービス	14px-Bold	Green

次に「Service」と「サービス」のテキストをまとめて選択し、shift + A でオートレイアウトを追加します。オートレイアウトは次の設定をご参考ください。

オートレイアウトの設定
- ❶ **方向**　縦
- ❷ **レイアウト**　中央上揃え
- その他の数値　0

② セクション見出しをコンポーネントにする

セクションの見出しはこのあと作成する「Works」「About」セクションでも使用するため、コンポーネントにして再利用します。

オートレイアウトを適用した「Service（サービス）」のフレームを選択し、ツールバーの［コンポーネントの作成］アイコンをクリックします。コンポーネントが作成できたら、フレーム名をダブルクリックし、「Section-Title」に変更します。

③ セクション見出しを水平方向の中央揃えにする

「Service（サービス）」のセクション見出しを選択し、option（Alt）+ H でフレームに対して水平方向の中央揃えにします。垂直方向の位置は後で調整するので、この時点ではメインビジュアルと重ならない位置に配置しておきましょう。

2-9-3　アイコンの作成

■ 3つのアイコンのフレームを作成する

ツールバーから［楕円（ O ）］ツールを選択し、セクション見出しの下で shift を押しながらドラッグして円を作成します。円のサイズ、色スタイルは右サイドバーから次のように設定します。

円のサイズと色の設定

サイズ　W140 / H140（縦横比率を固定）
色スタイル　Green

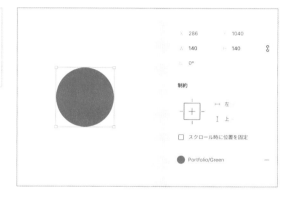

次に、作成した円の上で右クリックし［選択範囲のフレーム化］を選択してフレームにします。ショートカットキーは option （ Alt ）+ ⌘ （ Ctrl ）+ G です。アイコンの土台となる円をフレームにすることで、アイコンの位置を調整しやすくなります。

■ アイコンのフレームを複製する

作成した円のフレームを選択し、 option （ Alt ）+ shift を押しながら右側にドラッグして複製します。円を2つに複製できたら、さらに操作を繰り返して3つにします。

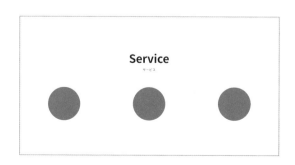

3 アイコンを用意する

サンプルファイルからサービスのアイコンを3つまとめて選択し、⌘（Ctrl）＋C でコピーします。ポートフォリオサイトのページに戻り、先ほど作成した円の近くで ⌘（Ctrl）＋V でペーストします。

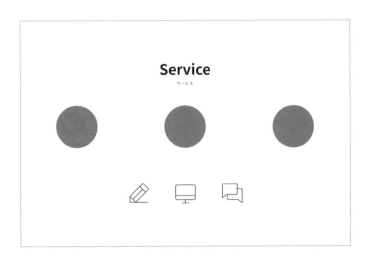

4 アイコンをフレームの中に配置する

えんぴつの形をしたアイコン（icon_graphic）のフレームを選択し、ドラッグして1つ目の円のフレームに入れます。アイコンの位置は円の中央に配置したいので、右サイドバーの［整列］パネルから［水平方向の中央揃え（option（Alt）＋H）］と［垂直方向の中央揃え（option（Alt）＋V）］を使用します。

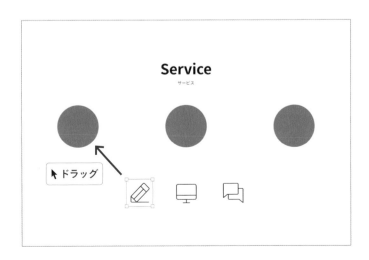

TIPS　**ガイドの活用による位置調整**

アイコンをフレーム内で移動させるとき、フレームの垂直および水平
方向の中央ではオレンジ色のガイドが表示されます。フレームの中心
にレイヤーがあるときはガイドが十字になるので、整列パネルやショー
トカットを使用せずに要素を配置したいときは参考にしましょう。

5 すべてのアイコンをフレームに配置する

残り2つのアイコン（icon_web / icon_direction）も同じ手順で円のフレーム内に配置します。

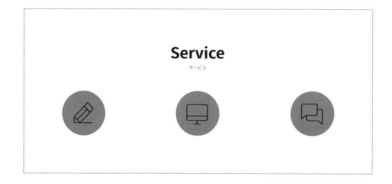

6 アイコンの色を一括変更する

3つのアイコンをまとめて選択し、右サイドバーの［選択範囲の色］パネルに表示されている［■
000000］の上にカーソルを移動させます。［スタイル］のアイコンをクリックし、［○ White］を
選択して色を白にします。

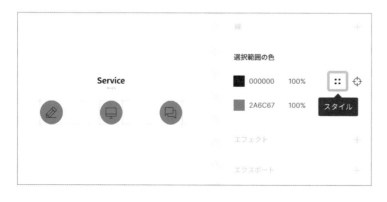
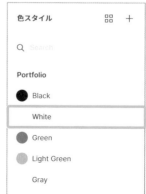

2-9-4 サービス名と説明文の作成

■ サービス名のテキストを作成する

[テキスト（⊤）] ツールを使用して、「Graphic Design」「Web Design」「Direction」の3つのテキストを作成します。作成したテキストには次表のテキストスタイルと色スタイルを適用します。

作成するテキスト	テキストスタイル	色スタイル
Graphic Design		
Web Design	24px-Bold	Black
Direction		

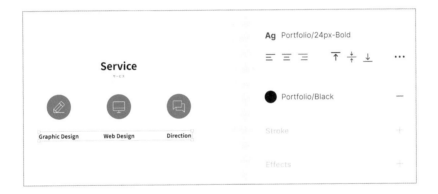

■ 説明文のダミーテキストを作成する

[テキスト（⊤）] ツールを使用して、「テキスト」と入力します。また、テキストスタイルと色スタイルを下記の内容で適用します。

作成するテキスト	テキストスタイル	カラースタイル
テキスト	14px-Regular	Black

TIPS　ダミーテキストとは？

テキストを表示させたい場所に仮で入力しておくテキストを「ダミーテキスト」とよびます。Web・UIデザイン、印刷物のデザインで使われることが多く、原稿が未完成でもレイアウトや文章量のイメージを確認できます。

▣ テキストボックスの幅を指定する

先ほど作成したダミーテキスト「テキスト」を選択し、右サイドバーから［タイプの設定］アイコンをクリックします。［タイプの設定］パネルが表示されるため、［サイズ変更］のメニューから［高さの自動調整］アイコンをクリックすると、指定の幅でテキストを改行できるようになります。

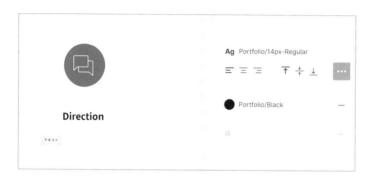

テキストボックスの幅（W）を「300」に指定したら、入力済みのダミーテキストを選択し、テキストボックス内で3行を目安に複製します。

TIPS **テキストの両端揃え**

改行したテキストの左右の両端を揃えたい場合、［タイプの設定］パネルを開いて［配置］のメニューから［テキスト両端揃え］を選択します。両端が揃うことでテキストボックスの輪郭が明確になり、デザインがきれいに見えます。

④ 説明文のダミーテキストを複製する

説明文のダミーテキストを選択し、option（Alt）+ shift を押しながら右にドラッグして複製します。「Web Design」の下に説明文を配置できたら、さらに複製を繰り返して「Direction」の下にも配置します。

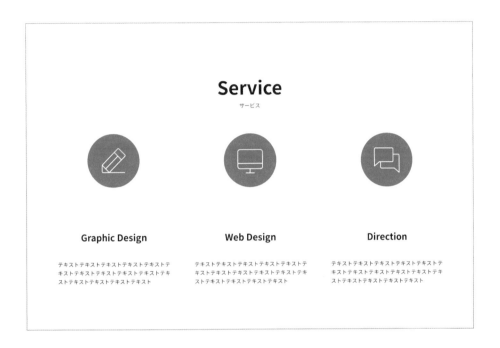

⑤ サービス名と説明文にオートレイアウトを追加する

「Graphic Design」のサービス名と説明文をまとめて選択し、shift + A でオートレイアウトを追加します。「Web Design」「Direction」にも同様にオートレイアウトを追加し、次の設定をします。

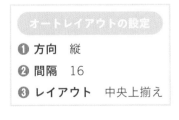

オートレイアウトの設定
- ❶ **方向** 縦
- ❷ **間隔** 16
- ❸ **レイアウト** 中央上揃え

6 アイコンとサービス名・説明文にオートレイアウトを追加する

「Graphic Design」のアイコンとオートレイアウトを適用済みのサービス名・説明文をまとめて選択し、[shift] + [A] でさらにオートレイアウトを追加します。「Web Design」「Direction」のアイコンとサービス名（説明文）にも同様に、オートレイアウトを追加して下記の設定を行います。

オートレイアウトの設定
- ❶ **方向** 縦
- ❷ **間隔** 24
- ❸ **レイアウト** 中央上揃え

7 3つのサービスにオートレイアウトを追加する

「Graphic Design」「Web Design」「Direction」のフレームをまとめて選択し、[shift] + [A] でオートレイアウトを追加します。これで3つのボックスを等間隔に配置できます。

オートレイアウトの設定
- ❶ **方向** 横
- ❷ **間隔** 64
- ❸ **レイアウト** 中央上揃え

8 セクション見出しとサービス内容にオートレイアウトを追加する

「Service（サービス）」のセクション見出しと3つのサービス内容のフレームを選択し、shift + A でオートレイアウトを追加します。

オートレイアウトの設定

① **方向** 縦
② **間隔** 64
③ **レイアウト** 中央上揃え

9 サービスセクションの位置を水平方向の中央揃えにする

サービスセクションのフレームを選択し、右サイドバーの［整列］パネルから［水平方向の中央揃え（option + H）］を使用し、フレームの左右中央に配置します。

これでサービスセクションが完成しました。

Works（制作実績）セクションの作成

サムネイル画像、プロジェクト名、タグを組み合わせたカードを使って、実績の紹介セクションを作成します。

2-10-1　制作実績セクションの概要

制作実績のイメージが伝わる画像とプロジェクト名、実績のカテゴリがわかるタグを使用したカードを作成します。画像はサンプルを用意しています。カードレイアウトやタグのデザインはWebサイトでよく使用される要素です。作り方を覚えてぜひ実践でご活用ください。

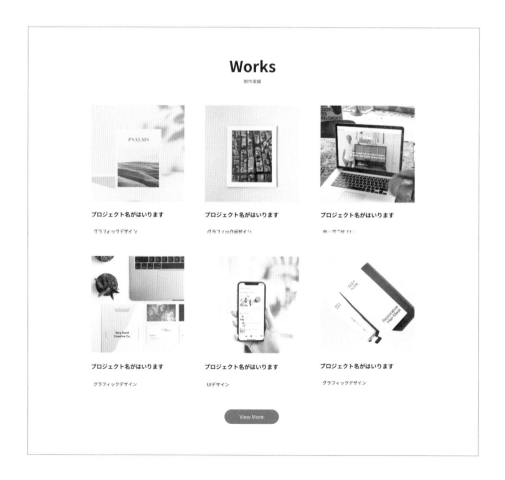

2-10-2　セクション見出しの作成

左サイドバーから［アセット］タブをクリックし、ローカルコンポーネントの［Section-title］をポートフォリオサイトのフレーム内にドラッグ＆ドロップします。セクション見出しのテキストは、英語「Works」、日本語「制作実績」にします。

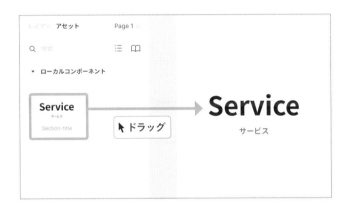

2-10-3　画像の配置とプロジェクト名のテキスト作成

■ サムネイル画像の配置

サンプルファイルからサンプル画像「Works-01」をコピーし、ポートフォリオサイトのフレーム内にペーストします。

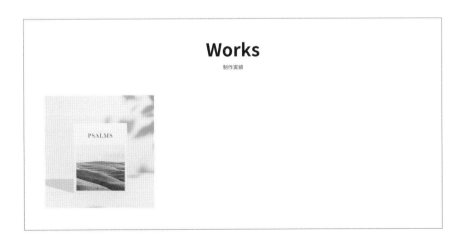

❷ プロジェクト名のテキスト作成

[テキスト（🄣）] ツールを使用して、サムネイル画像の下に「プロジェクト名がはいります」と入力します。作成したテキストには次のスタイルを適用します。

スタイルの設定

テキストスタイル　18px-Bold
カラースタイル　Black

2-10-4 │ タグの作成

コンポーネントを利用して、実績カテゴリのタグを作成します。繰り返し使うタグはコンポーネントにして「バリアント」を追加することで、ウェブデザイン、グラフィックデザイン、UIデザインなど、一つのデザインでカテゴリを選択できるようになります。バリアントの機能については、p.48で紹介しています。

■ タグのデザインを作成する

［テキスト（Ⅰ）］ツールを使用して、キャンバス上で「グラフィックデザイン」のテキストを作成します。作成したテキストには、次のスタイルを適用します。

スタイルの設定	
テキストスタイル	14px-Regular
カラースタイル	Black

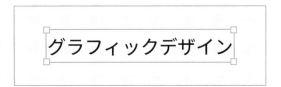

つづけて「グラフィックデザイン」のテキストを選択し、shift + A でオートレイアウトを追加します。そのまま右サイドバーの［塗り］パネルから［スタイル］アイコンをクリックし、背景色を「Gray」に変更します。

オートレイアウトの設定	
❶ 方向	横
❷ レイアウト	中央揃え
❸ 水平パディング	8
❹ 垂直パディング	2

さらに、右サイドバーの［フレーム］パネルから［角の半径］の数値を「4」にします。これでタグのデザインは完成です。

> **TIPS　オートレイアウトを利用したタグの作成**
>
> タグは背景色をつけたフレームにテキストを入れるだけでも作成できますが、オートレイアウトを利用することで、テキストの長さに合わせて横幅が自動で変わるタグを作成できます。

❷ タグの親コンポーネントを作成する

作成したタグを選択し、ツールバーの［コンポーネントの作成］アイコンをクリックして親コンポーネントを作成します。コンポーネントの名前は「Tag/グラフィック」に変更します。

❸ バリアントを追加する

タグのコンポーネントを選択した状態で、ツールバーから［バリアントの追加］アイコンをクリックします。グラフィックデザインのタグが新しく作成されるため、2つ目のタグのテキストを選択し、「ウェブデザイン」に変更します。このとき ⌘ （Ctrl）を押しながらテキストをダブルクリックすると選択しやすいです。

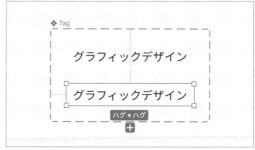

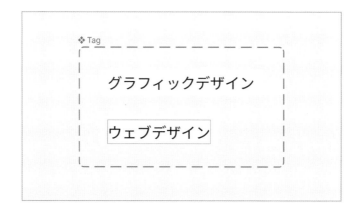

タグのテキスト変更後、キャンバスの何もない場所をクリックし、再度ウェブデザインのタグを選択します。すると、右サイドバーに［現在のバリアント］パネルが表示されます。［プロパティ名］を「Category」に変更し❶、バリアント名を「ウェブ」にします❷。これでウェブデザインのタグは完成です。

最後に「UIデザイン」のタグを追加します。タグのコンポーネント名をクリックすると、［バリアントを追加する］アイコンが表示されるため、クリックしてバリアントを追加します。

3つ目のタグのテキストを「UIデザイン」に変更し、タグのフレームを選択した状態で、右サイドバーから［現在のバリアント］パネルのバリアント名を「UI」に変更します。これで実績のカテゴリタグは完成です。

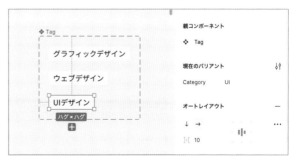

バリアントプロパティの編集

バリアントの属性を意味するプロパ
ティは、わかりやすい名前にするこ
とでより管理しやすくなります。

プロパティの名前や値を変更したい
場合は、まず親コンポーネントを選
択し、右サイドバーの［プロパティ］
パネル右端にある［プロパティの編
集］アイコンをクリックします。ア
イコンはプロパティ名の上にカーソ
ルを移動すると表示されます。

値の表示順を変更したい場合は、［バリアントプロパティの編集］パネルを開き、値の左端に
カーソルを移動させると並べ替えアイコンが表示されるため、上下にドラッグして並べ替えます。

2-10-5　タグを使用してカードのレイアウトを整える

タグの使用

左サイドバーの［アセット］タブを開き、［ローカルコンポーネント］内の［Tag］を「プロジェク
ト名が入ります」のテキスト下あたりにドラッグ＆ドロップします。

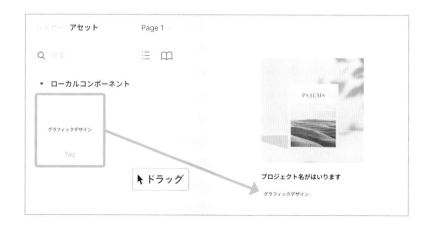

❷ オートレイアウトでカードの要素を整列させる

サムネイル画像、プロジェクト名、タグをまとめて選択し、[shift] + [A] でオートレイアウトを追加します。オートレイアウトの設定は下記を参考にします。各要素を整列できたら、実績紹介のカードは完成です。

オートレイアウトの設定

❶ **方向** 縦
❷ **レイアウト** 左上揃え
❸ **アイテム間の間隔** 24

2-10-6 カードの複製とコンテンツの調整

❶ カードの複製

先ほど作成したカード（サムネイル画像、プロジェクト名、タグをまとめたもの）を選択した状態で、[option]（[Alt]）+ [shift] を押しながら右へドラッグして複製します。さらに複製を繰り返し、横に3つカードが並んだ状態にします。

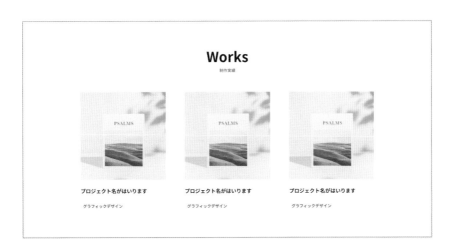

次に、複製で作成した３つのカードをまとめて選択し、[option]（[Alt]）＋[shift] を押しながら下へドラッグして複製します。３列のカードが２段になり、６つのカードを並べたレイアウトになります。

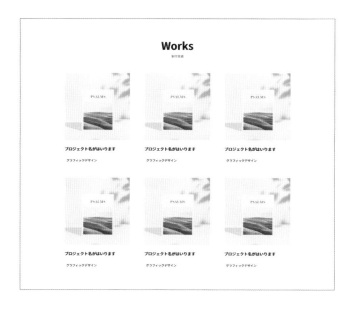

2 画像の変更

サンプルファイルからサンプル画像「Works-01」以外の残りの５つをまとめて選択、コピーします。ポートフォリオサイトのフレームを選択し、コピーした５つの画像をペーストします。先に作成した要素に画像が重なってしまう場合は、ドラッグして移動させましょう。

サンプル画像［Works-02］を ⌘（Ctrl）＋ X で切り取ります。続けて1段目中央のカードをクリックし、⌘（Ctrl）＋ V でペーストします。［Works-02］の画像がカードのフレーム内に入るため、［↑］または［「］を押してレイヤーを一番上に移動させます。

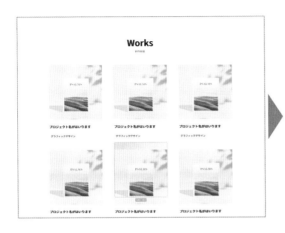

不要な画像（Works-01）を選択し、delete で削除します。これで画像の変更は完了です。同じ手順で残りの画像も変更してみましょう。

⑤ タグのバリアントを使用する

3つ目のカードのタグをダブルクリックで選択し、右サイドバーから [Tag] のバリアントを [ウェブ]
に変更します。タグの内容が「ウェブデザイン」に変更できたら、同じ手順で2段目中央のカードの
タグも変更してみましょう。バリアントは「UI」を選択します。

すべてのタグを変更できたら、これで制作実績のカードは完成です。

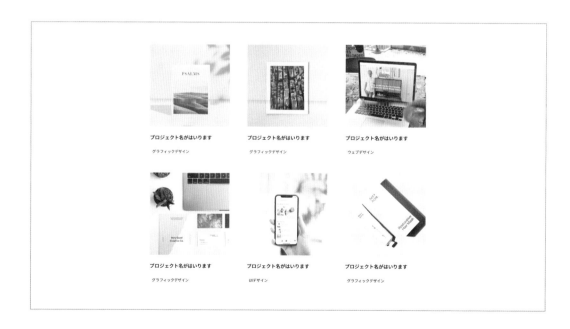

2-10-7 カードを等間隔に整列させる

1段目のすべてのカードをまとめて選択し、[shift] + [A] でオートレイアウトを追加します。オートレイアウトは次の設定を参考にし、2段目も同じ手順でオートレイアウトの追加，設定を行います。

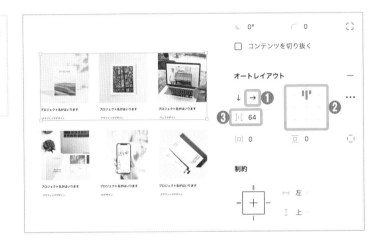

オートレイアウトの設定

❶ **方向** 横
❷ **レイアウト** 中央上揃え
❸ **アイテム間の間隔** 64

1段目と2段目のカードをまとめて選択し、[shift] + [A] でオートレイアウトを追加します。オートレイアウトは次の設定を参考にします。

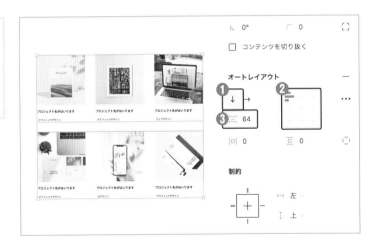

オートレイアウトの設定

❶ **方向** 縦
❷ **レイアウト** 左上揃え
❸ **アイテム間の間隔** 64

2-10-8　ボタンを配置してレイアウトの最終調整

■ ボタンのコンポーネント（インスタンス）を配置する

左サイドバーから［アセット］タブを開き、ボタン（Portfolio/Button）のコンポーネントを制作実績のカードの下にドラッグ＆ドロップで配置します。ボタンのテキストは「View More」に変更します。

■ 制作実績のカードとボタンの位置をオートレイアウトで整える

6つの実績カードがまとまったフレームとボタンを選択した状態で、オートレイアウトを追加します。オートレイアウトは次の設定を参考にします。

オートレイアウトの設定

❶ **方向**　縦
❷ **レイアウト**　中央上揃え
❸ **アイテム間の間隔**　80

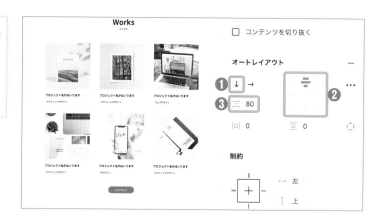

■ セクションのレイアウトを調整する

Works（制作実績）セクションの見出しと、実績のカードとボタンがまとまったフレームを選択し、オートレイアウトを追加します。オートレイアウトは次の設定を参考にします。

オートレイアウトの設定

❶ **方向**　縦
❷ **レイアウト**　中央上揃え
❸ **アイテム間の間隔**　64

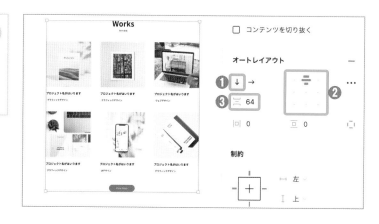

最後に、制作実績セクションのフレームを選択し、右サイドバーの［整列］パネルから［水平方向の中央揃え］または option + H でポートフォリオサイトのフレームの左右中央に整列させます。

これで制作実績セクションは完成です。

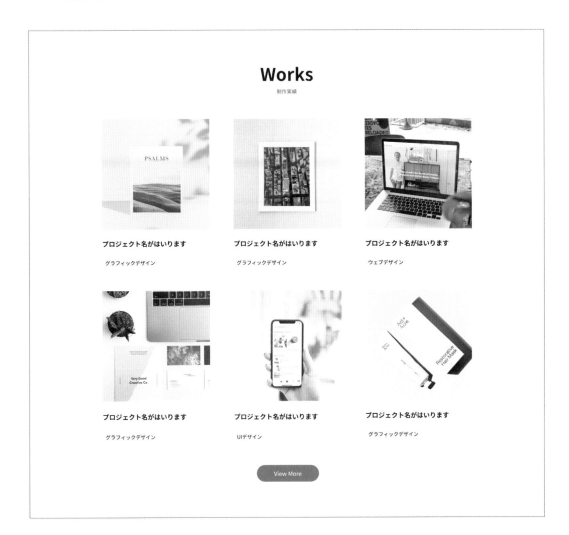

第2章 11

About（私について）セクションの作成

円形のアイコンと短いプロフィール文を表示するセクションを作成します。

2-11-1 私についてのセクションの概要

画像にマスクをかけて円形のアイコンを作成します。オブジェクトの一部を隠す操作のことをマスクとよびます。

About

私について

Nekota Koharu

東京都を拠点に活動するデザイナーです。
ウェブデザインとグラフィックデザインが得意です。猫が大好き！
プロフィールテキスト入りますプロフィールテキスト入りますプロ
フィールテキスト入りますプロフィールテキスト入りますプロ
フィールテキスト入りますプロフィールテキスト入ります。

2-11-2 セクション見出しの作成

左サイドバーから［アセット］タブをクリックし、ローカルコンポーネントの［Section-title］をポートフォリオサイトのフレーム内にドラッグ＆ドロップします。セクション見出しのテキストは、英語「About」、日本語「私について」にします。

2-11-3 プロフィールアイコンの作成

■ 画像にマスクをかける

サンプルファイルからサンプル画像［Profile］をコピーし、ポートフォリオサイトのフレーム内に
ペーストします。

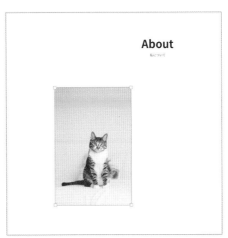

ツールバーから［楕円（⎚）］ツールを選択し、shift を押しながらネコの画像の上に正円を作成し
ます。円のサイズは右サイドバーから「200」px に指定します。続けて、円を選択した状態で［[］
を押し、画像の下に円のレイヤーを移動させます。

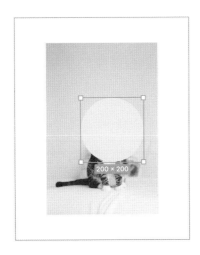
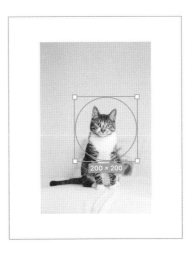

画像と円のレイヤーをまとめて選択し、ツールバーの［マスクとして使用］アイコンをクリックします。画像にマスクがかかり、円形のアイコンが作成できます。

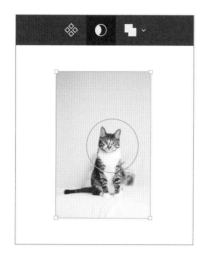

TIPS **マスクの解除方法**

マスクを解除したい場合は、左サイドバーの［レイヤー］パネルで［Rectangle］レイヤーをクリックし、ツールバーの［マスクとして使用］アイコンをクリックします。マスクの解除後、不要なグループ［Mask group］が残ってしまうため、グループを選択した状態で ⌘（Ctrl）＋ option（Alt）＋ G でグループ化を解除しましょう。

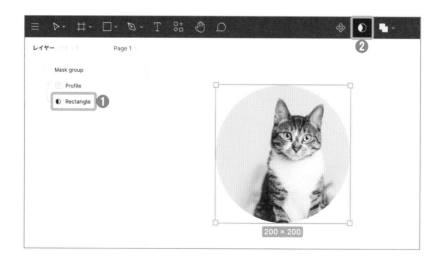

2 マスク内の画像の位置を調整する

画像の位置を調整します。 `⌘` (`Ctrl`)を押しながら画像をクリックし、画像のレイヤーが選択された状態でドラッグまたはキーボードの矢印キーを使って位置を整えます。ネコの顔が円の中央に配置できたら、プロフィールアイコンは完成です。

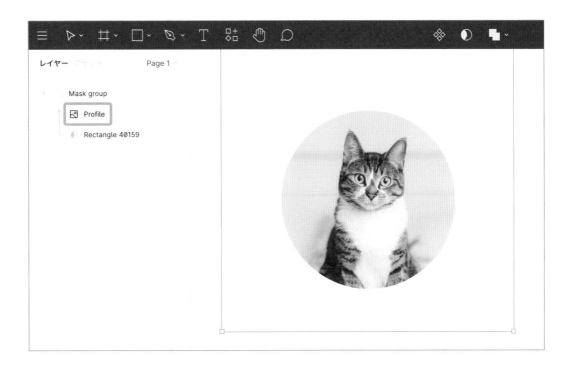

TIPS　**矢印キーを使ったレイヤーの移動方法**

レイヤーを選択した状態でキーボードの矢印キーを使用すると、レイヤーが矢印の方向に1px移動します。また `shift` を押しながら矢印キーを使用すると、10px移動します。マウス操作では難しい、細かい位置調整で役立ちます。

2-11-4 プロフィール文の作成

[テキスト（□）] ツールを使用して、アイコンの右側に「Nekota Koharu」とプロフィール文のダミーテキストを作成します。プロフィール文のテキストは、右サイドバーから [水平方向のサイズ調整] で [固定] を選択し、[W]（幅）を「480」px に指定します。ダミーテキストは5行を目安に作成しましょう。名前（Nekota Koharu）とプロフィール文には、下記のスタイルを設定します。

名前のスタイル設定（Nekota Koharu）		プロフィール文のスタイル設定	
テキストスタイル	32px-Regular	**テキストスタイル**	16px-Regular
色スタイル	Black	**色スタイル**	Black

名前とプロフィール文のテキストをまとめて選択し、[shift] + [A] でオートレイアウトを追加します。オートレイアウトは次の設定を参考にします。

オートレイアウトの設定
❶ **方向** 縦
❷ **レイアウト** 左上揃え
❸ **アイテム間の間隔** 16

2-11-5 レイアウトの調整

アイコンと名前・プロフィール文のフレームをまとめて選択し、オートレイアウトを追加します。
オートレイアウトは次の設定を参考にします。

オートレイアウトの設定

❶ **方向** 横
❷ **レイアウト** 左上揃え
❸ **アイテム間の間隔** 64

つづけて、セクションタイトルとアイコン・テキストのフレームをまとめて選択し、オートレイアウトを追加します。

オートレイアウトの設定

❶ **方向** 縦
❷ **レイアウト** 中央上揃え
❸ **アイテム間の間隔** 64

2-11-6 セクションに背景色をつける

■ セクションにオートレイアウトを追加する

Aboutセクションのフレームを選択し、[shift] + [A] でオートレイアウトを追加します。オートレイアウトは次の設定を参考にします。パディング（余白）の個別指定は、[オートレイアウト] パネル内の右下にある [個別パディング] をクリックすると可能になります。

オートレイアウトの設定

❶ **方向** 縦
❷ **レイアウト** 中央揃え
❸ **上パディング** 80
❹ **下パディング** 120

第
2
章

2 セクションの背景色を指定する

Aboutセクションの何もない場所をクリックし、セクションを選択します。右サイドバーの［塗り］パネルから［スタイル］アイコンを選択し、［Gray］をクリックして背景色を指定します。

Aboutセクションのフレームを選択し、右サイドバーから［水平方向のサイズ調整］で［固定］を選択します。W（幅）を［1440］pxで指定すると、セクションの幅がフレームの幅と同じになります。

これでAboutセクションの完成です。背景色がついたことで、セクションの区切りがわかりやすくなりました。

TIPS **オートレイアウトを使用して背景に色をつけるメリット**

背景に色がついたセクションは、長方形ツールや標準のフレームツールを使って作成することもできますが、オートレイアウトを使用することでセクションの高さの変化に対応できます。

たとえば、後から文字の量が増えたり、画像のサイズなどが大きくなったりしたとき、通常のフレーム・長方形ツールで作成した場合は背景のレイヤーを伸ばす操作が必要です。これに対して、オートレイアウトで作成したセクションは自動的に背景色を含めた高さ調整をしてくれるため、作業の効率化ができます。

12 フッターの作成

コピーライトを表記したフッターを作成します。

2-12-1 フッターの概要

著作権のありかを明確に示すコピーライトを作成し、オートレイアウトを利用して幅や上下左右の余白を指定します。ここではコピーライト表記のみのシンプルなフッターを作成しますが、他のページへのリンクやSNSの導線などを作成しても良いでしょう。

© Nekota Koharu

2-12-2 コピーライトの作成と背景色の指定

[テキスト（T）] ツールを使用して、テキスト「©Nekota Koharu」を作成します。テキストを選択した状態で [shift] + [A] でオートレイアウトを追加し、そのまま右サイドバーの [塗り] パネルから [スタイル] をクリック、[Green] を背景色として指定します。

コピーライトのスタイル設定

テキストスタイル 14px-Regular
色スタイル White

© Nekota Koharu

2-12-3 レイアウトの指定

コピーライトを入力したフレームを選択し、[フレーム] および [オートレイアウト] パネルで次の設定を行います。

フレームパネルの設定

❶ **水平方向のサイズ調整**　固定
❷ **W（幅）**　1440

オートレイアウトの設定

❸ **方向**　横
❹ **レイアウト**　右揃え
❺ **水平パディング**　40

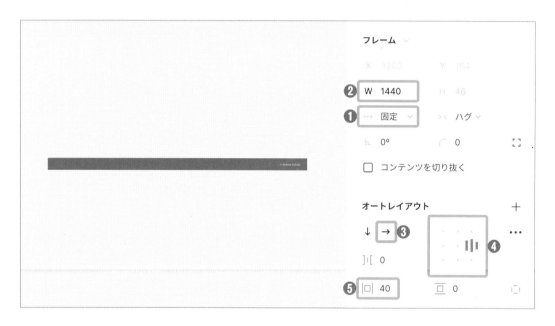

ポートフォリオサイトの幅と同じ1440pxのフッターが完成しました。作成したフッターは、ポートフォリオサイトのフレーム内、最下部に配置しておきましょう。

ページ全体の余白の調整

第2章 13

完成したすべてのセクションの位置を整え、ページ全体の余白を調整します。

2-13-1 各セクション間の余白を指定する

1 メインビジュアルと主要コンテンツの間の余白を指定する

メインビジュアル、サービス、制作実績、私についてのセクションのフレームをまとめて選択し、⎵shift⎵ + ⎵A⎵ でオートレイアウトを追加します。

オートレイアウトの設定
❶ **方向** 縦
❷ **レイアウト** 中央上揃え
❸ **アイテム間の間隔** 160

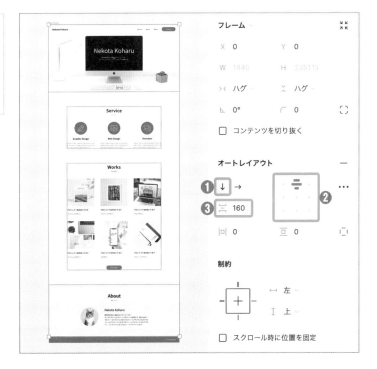

② フッターをAboutセクションの直下に配置する

メインビジュアルと主要コンテンツをまとめたフレームと、フッターをまとめて選択し shift + A
でオートレイアウトを追加します。主要コンテンツの下に隙間なくフッターを配置できます。

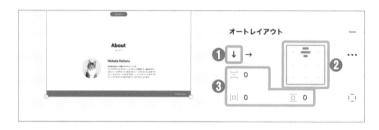

③ フレーム下部の余白をトリミングする

ポートフォリオサイトのフレームを選択し、右サイドバーの［フレーム］パネルから［サイズ自動調整］アイコンをクリックすると、余白部分が自動でトリミングされます。

これでポートフォリオサイトのデザインは完成です。テキストや画像は自由に変更いただけます。よろしければご自身でカスタマイズしてみてください。メインビジュアルの画像を使用し、サムネイルの作成、設定をするのもおすすめです。

※サムネイルの作成・設定方法は、p.56～68で解説しています。

TIPS **スタイルの編集・削除方法**

登録済みの色スタイルまたはテキストスタイルを編集・削除したい場合は、キャンバスの何もない場所をクリックし、右サイドバーから変更したいスタイルを右クリックします。スタイルを編集・削除できるメニューが表示されるため、スタイルの名前、プロパティ（色、書体の設定など）を編集したい場合は［スタイルを編集］をクリックします。スタイルを削除したい場合は、［スタイルを削除］をクリックします。

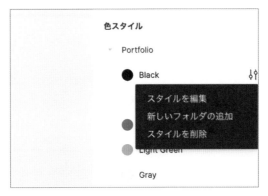

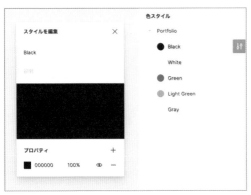

💡 削除したスタイルが適用されていたレイヤーは、そのままの色や書体設定が残り、スタイルのみが解除された状態になります。

● 配色を変更してみよう

作成したポートフォリオサイトの配色を変更してみましょう。登録済みのカラースタイルを変更すれば、アイコンやボタン、文字の色、背景色などが一括で変更できます。

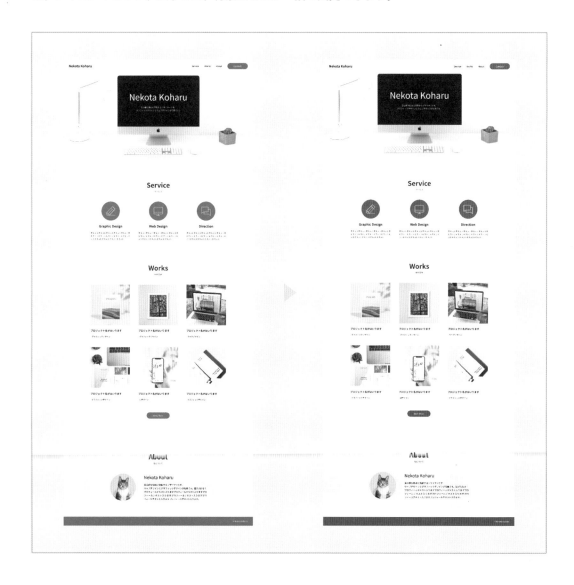

応用編
3つの作例から学ぶ
デザイン制作のながれ

本章では3つの作例を題材に、Figmaを使った
Webサイト・アプリケーション制作の流れを紹介
します。プロジェクトファイルの準備からサイトマ
ップ、デザイン、プロトタイプの作成まで、実際の
プロジェクトで使用するファイルを参考にしながら
学べるので、ご自身の制作に役立ててみてください。

3つの作例の概要

本章では、ホテル運営企業のコーポレートサイト、インテリアECサイト、料理レシピアプリの3つの作例を題材に、Figmaを使ったWebサイト・アプリケーションの制作について紹介します。

本章では応用編として3つの作例を題材に、Figmaを利用したデザイン制作準備、作成、共有までのプロジェクト全体のながれや、1章、2章では紹介できなかったFigmaの利用方法もあわせて紹介していきます。

下記にそれぞれの作例での概要について説明します。

1 ホテル運営企業のコーポレートサイト

ホテル運営企業のコーポレートサイトではデザイン制作のながれを抑えながら4つの工程で解説していきます。プロジェクトの準備からデザインの準備、作成、共有までのFigmaを利用した制作全体のながれを紹介します。

2 インテリア EC サイト

インテリアECサイトでは、ECサイトで利用するページやパーツのデザインのポイントを中心に紹介します。商品詳細ページ、カート、フォームなどを例に、Figmaの機能を活用したデザイン方法を学べます。さらに画像補正やプラグインを利用した画像の切り抜き方法なども紹介します。

3 料理レシピアプリ

料理レシピアプリでは、Figmaでのプロトタイプ制作のながれを通してプロトタイプを作成していきます。スマートフォンサイズのデザイン制作で気をつけるポイントや、プロトタイプでのインタラクション、アニメーションについても紹介していきます。

※本書のサポートサイトとサンプルファイルについては、P.10を参照。

第3章

2

コーポレートサイト

ホテル運営企業のコーポレートサイトの作例デザインをもとにデザイン制作のながれを解説します。

3-2-1 コーポレートサイトとは

コーポレートサイトとは、企業の公式情報を掲載するWebサイトのことをいいます。今回の作例では、ホテルを運営する企業のコーポレートサイトを制作します。主要事業であるホテルやサービスの紹介、会社概要ページなどを作成していきます。

3-2-2 | コーポレートサイトデザインのながれ

Figmaを活用したコーポレート制作のデザインのながれを紹介します。まずはFigmaでプロジェクトのファイルをつくり、ファイルのページ・サムネイルを設定します。次に、デザインに必要な参考調査を集め、クライアントの情報をもとにサイトマップを作成します。サイトマップをもとにフレームを用意し、色・テキスト・グリッドなどのスタイルも用意します。

デザインの準備が整ったらワイヤーデザインを作成し、つくりこんでいきます。デザインが完成したら、社内やクライアントにデザインの共有をしてみましょう。

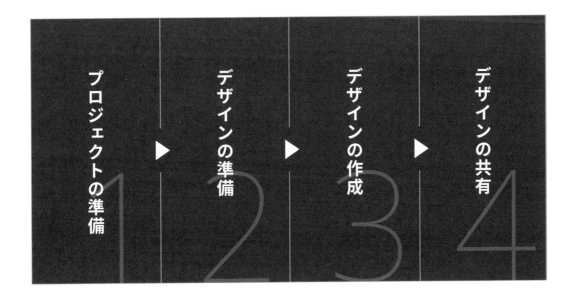

コーポレートサイト作例のデザイン

ここで紹介するデザインはサイトの一部のページですが、サンプルファイルも用意しています。よろしければ実際のデザインデータも参考にしてみてください。

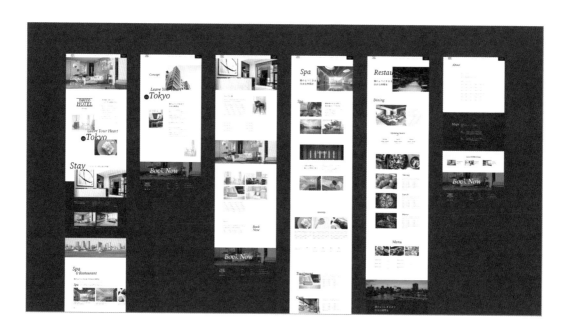

● サイトマップ例

コーポレートサイトのサイトマップ例です。本作例では色付きのページをデザイン作例としてサンプルファイルを用意していきます。サイトマップ作成時の注意点やポイントは、後述する「デザインの準備」にて紹介しています。

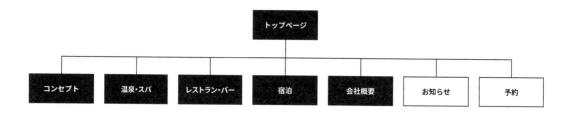

3-2-4 ホテルを運営している架空企業の設定

コーポレートサイトの作例では架空のホテル運営企業を想定しています。デザインを作成していく上で企業の概要やサービスのコンセプト、クライアントからの要望、顧客像などをドキュメントにまとめておきましょう。

コーポレートサイト作例の概要	
ホテル名	necco HOTEL Group
ホテルの概要	都内3拠点で展開するホテルグループ企業のコーポレートサイト＆ホテル事業紹介サイト。洗練された高級感のある客室や、景色を楽しめる本格的なラウンジ、旬の食材を使った食事など宿泊体験をより特別なものにする充実のサービスを提供している。都心に位置するアクセスの良さがありながらも、どこか喧騒を忘れられるようなシックで落ち着いた雰囲気が特徴。
コンセプト	Leave Your Heart in Tokyo 猫のようにきままで自由な時間を 都心の喧騒を忘れる空間
クライアント要望	● ホテルの認知を上げるため、洗練された雰囲気がサイト全体から伝わるようにしたい。 ● サービスの質の高さが伝わり、利用者が増えるようにしたい。 ● 宿泊したいときに迷わず予約ができる導線にしたい。 ● 施設・客室・レストランなどのこだわりを紹介したい。 ● 部屋情報をわかりやすく、宿泊したときの違和感がないようにしたい。 ● 国内/海外からも受け入れられるデザインにしたい。 ● アクセスの良さ、場所をわかりやすく伝えたい。
顧客像	● 洗練された上質な空間で宿泊を楽しみたい、上質な宿泊体験を重視する方。 ● 旅行で東京に訪れたので、都会の空気感をホテルでもゆっくり楽しみたい。 ● 週末に自分へのご褒美としてスパなどを利用したい、ゆっくりホテルで過ごしてみたい方。

3-2-5 コーポレートサイト制作のポイント

コーポレートサイトの制作では、次の4つのポイントを踏まえてデザインを行います。

① 必要な情報のわかりやすさ・正確性・網羅性

コーポレートサイトは企業の顔となる非常に重要なWebサイトになります。企業の公式情報を掲載する必要があり、掲載内容の正確性や網羅性も重視されます。ページとしては事業紹介、会社概要、お知らせ、採用情報、お問い合わせフォームなどがあります。

② 利用者を迷わせない動線設計

Webサイトの利用者は企業の商材やターゲットユーザーにもよりますが、年代や性別、国籍、利用時間など、さまざまな人が利用します。情報を伝える順序やページ構成、利用頻度の高いナビゲーションなどに注意してデザインしましょう。

③ 事業や提供するサービス、商品など、その企業らしさを視覚的に伝える

企業は必ず収益をあげるための事業やサービス提供、商品販売などを行っています。企業のサービスや事業紹介は企業の生命線といってよいでしょう。キャッチコピーや文章、写真、動画などがWebサイトのユーザーに視覚的に伝わるようにデザインしていきます。

④ お問い合わせや予約、申込みなどへの導線

Webサイトには必ずゴールが必要です。デザインを行う前に、Webサイトの目的とユーザーに期待するアクションを明確にしておきます。たとえば、コーポレートサイトでは、お問い合わせや資料請求、見積り依頼、採用応募などをユーザーに行ってもらうことがあります。

3-2-6 プロジェクトの準備

プロジェクトが開始したら、まずはデザイン制作ができるようにFigmaのプロジェクトとファイル
を作成します。ファイル内のページやサムネイルも設定します。

1 Figma プロジェクトとファイルの作成

Figmaプロジェクト開始時には、まずデザインファイルを作成します。右上の［プロジェクトの新
規作成］をクリックしてプロジェクトを作成します。プロジェクト名は誰が見てもわかるもの、プロ
ジェクトが増えても検索しやすいキーワードが入ったものにします。
（例：クライアントの社名、プロジェクト名など）

［デザインファイルを新規作成］をクリックして、デザインファイルを作成します。

2 ページの作成

作成したファイルを開き、ページを設定します。ページ名をダブルクリックするとページ名が変更できます。どこに何のデータが入っているか、わかりやすいページ分けをすることで、業務の効率化につながります。絵文字もページ名に利用でき、見分けやすくなるのでおすすめです。自分やチームメンバーがわかりやすいページ名にカスタマイズしてみましょう。

ページ分けの参考例

名称	説明
OGP・favicon・cover	OGP画像・favicon・coverなど
Strategy	各種ドキュメント、サイトマップ、ユーザーフロー図など
Material	ロゴ・写真・イラストなどの素材
Image Board	イメージボード（デザインの方向性の案出しなどに利用）
Style Guide	フォント・カラースタイルやスケールのスタイルガイド
Component	ヘッダー・フッター・ボタン・ラベルなどのコンポーネント
Design	トップページや他ページなど
Reference	参考サイトや参考資料など
Archive	不要なオブジェクトやデザインパターンの一時保管場所

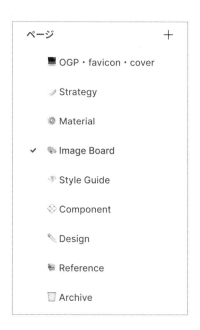

ページ分けの参考例を紹介しましたが、Figmaではページ名に英語、日本語のどちらも設定できます。ページ数はスタータープランでは3ページまで、プロフェッショナルプランでは制限なくページを作成できます。

3 サムネイル設定

サムネイルを設定すると、ファイルブラウザやプロジェクト一覧ページでどのようなデザインファイルか判別しやすくなります。プロジェクト開始時に設定するとよいでしょう。

3-2-7　デザインの準備

Figmaでのプロジェクト、ファイル作成が完了し、デザインの作成に入れるようにデザイン制作のための調査やサイトマップの作成などの準備を進めていきます。

1　調査

デザイン作成に取りかかる前に、調査を行います。調査は、"らしさ"を掴んだり、サイトにどのような要素が必要か検討したり、何を伝える必要があるかなどを判断できるように入念に行います。

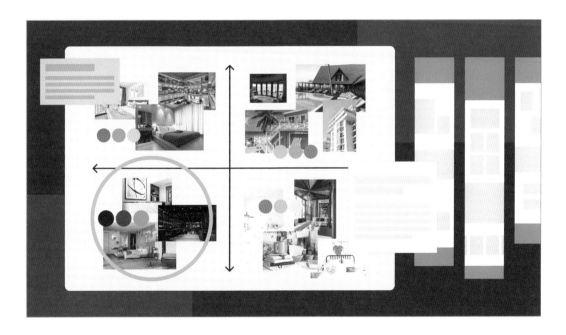

ここでは、「🐢 Reference」ページに参考サイトのキャプチャを集めたり、「🐢 Image Board」につくりたい雰囲気のイメージなどを検討したりするために、同業他社のサイトのキャプチャはもちろん、関連する業種などのサイトも集めてみましょう。イメージボードがあることで、デザインの方向性をチームメンバーと議論するときにも役立ちます。また、実際のデザインの制作の調査にはクライアントへのヒアリング、ホテルであれば実際のホテルでの体験や観察、市場調査や競合企業の調査など多岐にわたります。

2 サイトマップ

制作していくコーポレートサイトのページ構造を把握するためにサイトマップを作成します。

サイトマップとはサイトの骨格となるページ構造を表した図です。サイトマップをつくることで必要なページの洗い出しや、サイト全体のボリューム感、ユーザーの導線などを俯瞰できます。制作チームやクラアントなど、制作にかかわる人々と共通認識をもちながら制作を進めるための大事な資料です。

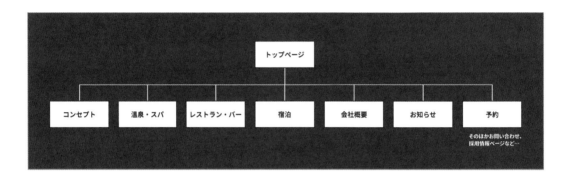

①競合・同業他社の調査をふまえて作成した一般的なホテルのサイトマップの一例になります。主要コンテンツであるコンセプトページ、宿泊、スパ・レストランなどのサービス紹介、企業概要、予約などホテル運営企業のコーポレートサイトに必要なページを網羅するように設計しました。また、本サイトはどんな部分を強く押し出すのが望ましいか、構成の段階からサイトの要点を掴むことが大事です。

この時点で構成に不備がないか、取りこぼしているページはないか、社内やクライアントと議論を重ね具体的に制作するページの構成を検討します。

TIPS　サイトマップ作成で注意すること
- クライアント企業の目的を達成できるページか
- クライアント企業の要望に答えるページに過不足はないか
- サイト利用者にとってページに過不足はないか
- 掲載内容は作成・用意できるか

3 フレームの作成と配置

サイトマップをもとにデザインが必要なページのフレームを作成していきます。今回はディスプレイ幅が1440pxとスマートフォンサイズの375pxの横幅のフレームサイズを置いていきます。

ページ全体のフレームを置いていくと次の図のようになります。デザインする場所を先に用意すると、全体像や進捗が把握しやすくなるのでおすすめです。各ページのカテゴリー名やページ名がわかるように帯のようなデザインを置くのも効果的です。

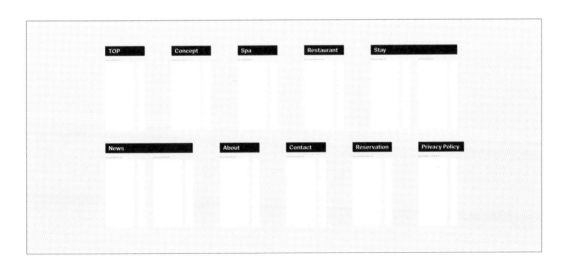

第
3
章

TIPS　フレーム名の付け方

命名規則を決めてフレーム名を整理しておくと、データを把握しやすくなったり、書き出し後のファイル整理の効率化に役立ったりします。「/（スラッシュ）」をフレーム名に入れると、その階層でファイルを書き出せます。

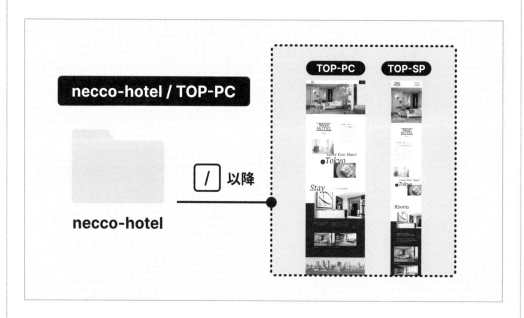

複数レイヤーの名前を一括で変更する方法

名前を変更したいフレームを選択し、⌘ + R でレイヤー名を一括で変更できます。数字に降順/昇順を付けたり、名前をまとめて変更できたりします。

4 ワイヤーフレームの作成

トップページに入れたい要素をもとに、コンテンツを入れる場所を考え、ワイヤーフレームを作成していきます。構成やコンテンツの見せ方などを含めて掲載内容や要素を検討していきましょう。デザインを制作していくための前段階の準備なのでつくりこむ必要はありません。

❶ グローバルナビゲーション

どのページでも表示される共通のナビゲーションです。各主要ページへのリンク（コンセプト／宿泊／スパ／レストラン／会社情報）を設けて、見たいページにすぐにたどり着けるようにします。右端には予約ボタンを設置し、どのページにいても予約できるようにします。

❷ ファーストビュー

サイトにアクセスしたときにホテルの雰囲気を伝えるための入り口となる場所です。今回はホテルのイメージ写真やコピーを入れる想定にしました。ファーストビューに入れる要素は伝えたいことやサイトの目的によって変更しましょう。

❸ ホテルのコンセプト

写真とコンセプト文章を入れてホテルの特徴を伝えます。「ホテルについて」のリンクボタンを設けて遷移できるようにします。

❹ 宿泊情報（客室）

運営しているホテルの客室がわかるように大きな写真と客室タイプの写真を掲載。写真をクリックしたら客室の詳細ページへ遷移できるようにします。

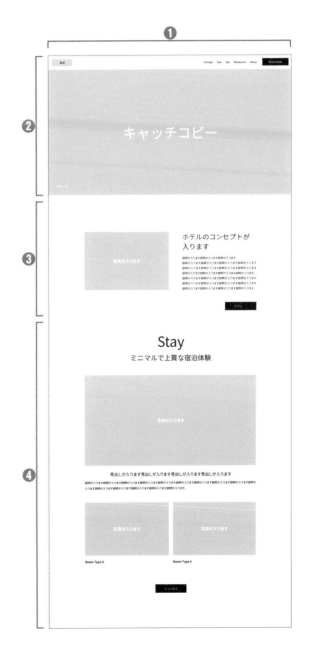

❺施設情報（スパ、レストラン）

ホテルの客室情報以外にもスパやレストランなども併設しているので施設紹介セクションを作成。

❻イメージ写真

ホテルがある場所がわかるようなイメージ写真を、次の施設情報セクションとの切り替えがわかるように配置し、一呼吸おけるようにしています。

❼お知らせ

企業からのお知らせ、ホテルからのお知らせなど、一般的なお知らせを伝えるセクションです。

❽企業情報

企業についての情報を簡潔に記載します。

❾グループホテル情報

複数のホテルを運営していることを伝えるために、各ホテルの名称・場所を写真と一緒に記載します。

❿CTA（コール・トゥ・アクション、行動換気）

Webサイトには訪問者にとってもらいたい行動があります。訪問者の行動を喚起することをCTA（コール・トゥ・アクション）とよび、ボタンやリンクなどでWebサイトに配置します。

作例では各ページの下部にCTAとして予約サイトへ誘導するための領域とボタンを用意しました。

CTAにはお問い合わせや資料ダウンロード、採用応募など企業やサービスによって適切なものを作成します。

⓫パンくずリスト

訪問者が現在閲覧しているページとページの階層構造を表す機能をもったリンクメニューをパンくずリストとよびます。作例ではフッターの上部に配置しました。その他、ページ上部のタイトル付近などに配置されることもあります。

⓬フッター

各ページ最下部に設置されるセクションをフッターといいます。作例のフッターには各ページのリンクやSNSへのリンク、コピーライトなどを設置しました。ページ数などによって、フッターの領域、高さなどは検討しましょう。

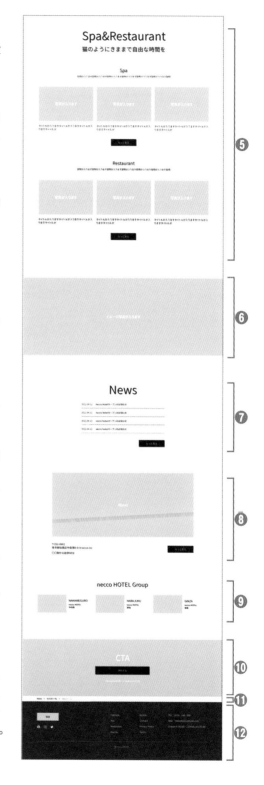

3-2-8 デザインの作成

1 スタイルの設定

デザインの作り込みに入る前に色・テキスト・グリッドのスタイルを作成します。スタイルを作成しておくと、あとでまとめて変更を適用するのに役立ちます。

● 色スタイル

今回は黒をメインに使用するため、黒のカラースケールをスタイルとして作成しています。加えて、黒と白、背景色も用意しています。 カラースケールとは色変化の段階を追って表示したものです。

● テキストスタイル

8の倍数を基準にフォントスケールを作成しました。サイズごとの使用方法（H1、H2、本文...）なども記載すると便利です。本作例では日本語（主に見出し・本文）と英語（主に装飾・ポイント）で使用するフォントを分けています。

　日本語：ZEN オールド明朝 / 英語：Source Serif Pro

● グリッドスタイル

デザインを作成する画面幅（1440px）に合わせてグリッド を用意しておきましょう。
グリッドスタイルの作成・登録方法はp.169にて紹介します。

TIPS **スタイル作成は先 or 後？**

色、テキスト、グリッドのスタイルはデザイン制作前に決めてFigmaにスタイル登録できれば良いですが、プロジェクトによってはワイヤーフレームや写真撮影、文章作成などがデザインとほぼ同時に進行していく場合もあるかもしれません。必ずしもデザイン作成前にスタイルをすべて決定する必要はないので、その場合はデザインをつくりながらスタイルを作成していきましょう。

2 デザインの作成

ワイヤーフレームをもとに、設定したスタイルを使用し、デザインを作成していきます。イメージボードや参考サイトなども確認しながら、レイアウトやサイズ、色などの案出しをしてデザインをさまざまなパターンで作成し、検証していきます。

1 レイアウトグリッドの作成

フレームを選択した状態で右サイドバーの［レイアウトグリッド］パネルから［+］アイコンを選択すると、レイアウトグリッドが適用されます。グリッドをさらに追加したい場合は、［レイアウトグリッド］パネル右上の［+］をクリックすると追加できます。

右サイドバーの［レイアウトグリッド］パネルから  アイコンをクリックすると、グリッド詳細パネルが開き、色やサイズを調整できます。右記の設定をあててみましょう。今回は、❶12列のグリッドと、❷4列のグリッドの2つを使用しています。

❶ 12列のグリッド

列数		×
数	色	
12	▮ FF0000	5%
種類	幅	オフセット
中央揃え	80	
ガター		
24		

❷ 4列のグリッド

列数		×
数	色	
4	▮ FF0000	6%
種類	幅	オフセット
中央揃え	288	0
ガター		
24		

2 グリッドスタイルの登録

作成したレイアウトグリッドをスタイルに登録します。フレームを選択した状態で、［レイアウトグリッド］パネルから ... アイコンをクリックします。［グリッドスタイル］パネルが表示されるため、パネル右上の［+］アイコンをクリックします。

グリッドスタイルの登録名を入力し、スタイル名を「Corporate/1440px」にして［スタイルの作成］をクリックします。グリッドスタイル「Corporate/1440px」の登録が完了しました。右サイドバーからグリッドスタイルが登録されているのを確認できます。

グリッドに沿ってレイアウト

登録したグリッドスタイルをフレームに適用して、グリッドに沿ってオブジェクトの関係性を意識しながらサイズや余白などをレイアウトすることで、統一感やリズムをもったデザインを作成できます。

💡 さらにデザインをもう一歩

Figmaのレイアウトグリッドは「列」、「行」、「グリッド」の 3 種類を選択でき、かつそれぞれを複数組み合わせて設定できます。シンプルなグリッドを使ったデザイン作成に慣れたら、デザイン要素や内容に適したグリッドを設計してみると、さらにデザインに独自のリズムを取り入れられます。

TIPS　意図的にグリッドから外したレイアウト

グリッドのルールから意図的にサイズや余白、位置をはずし、リズムを崩す部分をつくることで動きのあるレイアウトにすることもできます。

TIPS　レスポンシブデザイン

レスポンシブデザインとは、表示する画面サイズによって要素のサイズやレイアウトを変えたデザインを指します。たとえば、PC、タブレット、スマートフォンなどそれぞれのデバイスサイズにあったデザインを作成することで、実装時の挙動や動作を事前に検証できます。
制作するサイズはプロジェクトにより異なりますが、代表的なサイズは1440px、1280px、768px、375px、320pxなどがあります。

3-2-9 デザインの共有

デザインを進めていくと掲載内容の過不足や不明点、デザインの悩み、コーディングとの兼ね合いなど、一人ではすぐに解決できないことが出てくるでしょう。そんなときは、Figmaですぐに最新のデザインを共有し、チームメンバーにさまざまなフィードバックをもらうことで解決できることが多くあります。

ここではFgimaの機能を活かしたデザインの共有とデザインレビューについて紹介します。

1 デザインの共有

Figmaでは、デザインをすぐにチームメンバーに共有できます。データを保存して書き出さなくても、リンクを共有することでブラウザだけでもすぐにデザインを確認できます。

● 共有機能

ツールバーの［共有］ボタンを押すとウィン
ドウが表示され、共有権限などを設定し、リ
ンクをコピーすることで共有できます。

共有するファイルやフレーム、ページなどの
閲覧・編集権限は、「リンクを知っているユー
ザー全員」、「リンクとパスワードを知ってい
るユーザー全員（プロフェッショナルプラン以上で可）」「ファイルに招待されたユーザーのみ」3つ
の権限から選べます。共有されたデザインは、常に最新の状態になっています。閲覧権限の設定や使
い方の詳細は4章「ファイル・フレーム・コメントなどの共有ができる」で紹介しています。

2 デザインレビュー

Figmaでは、いつでも最新の状態のデザインを共有できます。デザインの完成、未完成にかかわら
ずクライアントやチームメンバーにレビューしてもらえます。

Figmaのコメント機能を使ってレビューしてもらったり、テキストでデザインの横にメモを残した
りするのも良いでしょう。Figmaのコメントであれば人数制限なくメンバーを招待してコメントし
てもらうことが可能です。

● コメント機能

キャンバス上に直接フィードバックを残せる「コメント機能」を活用してみましょう。ツールバーから［コメントの追加（ⓒ）］を選択し、カーソルが吹き出しアイコンに切り替わったらキャンバス上のコメントを追加したい箇所をクリックするとコメントを残せます。

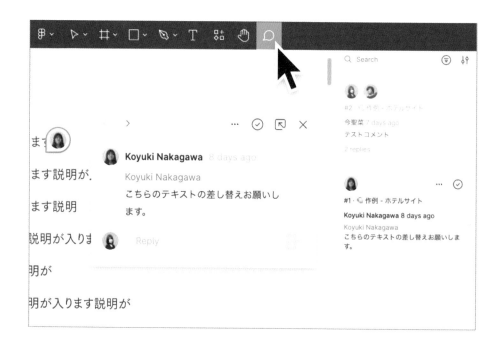

また、特定のメンバーにメンションを付けたり、確認・対応が終わったらチェックマークを押すことで解決済みにできます。コメント一覧は右サイドバーに表示されるので、いつでも履歴を確認できます。

使い方の詳細は4章の［閲覧者も利用できる「コメント」］で紹介しています。

インテリア EC サイト

第3章 3

インテリアECサイトの作例をもとに、FigmaでECサイトをデザインする際のポイントなどを紹介します。

3-3-1 | ECサイトとは

ECサイトとは、インターネット上で商品やサービスを販売できるWebサイトの総称です。オンラインショップとも呼ばれ、気に入った商品をショッピングカートに入れて購入できます。本作例では、モダンスタイルのインテリア家具・雑貨を中心に取り扱うECサイトを題材にしています。

3-3-2 ECサイト制作のポイント

ECサイトの制作では、次の4つのポイントを踏まえてデザインを行います。

❶ 商品や情報をわかりやすく紹介する

主役となる商品の写真、説明文、図版などを作成し、実際の商品がイメージしやすい工夫をしましょう。高品質な写真、動画、具体的な数字などを使用することで、より安心感をもって商品の購入に進めます。

❷ ユーザーを迷わせない動線設計

過度に複雑なレイアウトやページ構造、一貫性のないデザインは、ECサイトを利用するユーザーに負担をかけてしまいます。離脱につながる可能性も高まるため、できる限りわかりやすい動線設計、デザインを心がけましょう。

❸ ご利用ガイドなどを用意し、安心して買い物できる環境を整える

ユーザーに安心して買い物を楽しんでもらうため、ご利用ガイドやよくある質問、お問い合わせフォームなどを用意します。購入して終わりではなく、購入後のフォローができるコンテンツも信頼につながります。

❹ 商品やショップ・ブランドを好きになってもらう工夫をする

ブランドのイメージに合ったサイトのデザインや特集コンテンツの掲載、ストーリーが伝わる記事の作成、メールマガジンの配信などを行うことで、商品やブランドをより好きになってもらえる可能性が高まります。商品購入後の生活がイメージできる動画や写真をSNSで配信するのもおすすめです。

3-3-3 インテリアECサイト作例の概要

ここでは架空のインテリアECサイトを例に、ECサイトのデザイン制作について解説します。ECサイトに必要な要素の作り方やデザインの意図も紹介していきます。ECサイト以外の制作にも応用できる部分があるので、よろしければご自身の制作にお役立てください。

コーポレートサイト作例の概要	
ECサイト名	ROOT（ルート）
ECサイトの概要	モダンスタイルのインテリア家具・雑貨を中心に販売しているECサイト。ビンテージやリプロダクト製品を多く取り扱う。商品数を増やすことよりも、本当にいいと思ったもの、こだわりのある商品を揃えることを意識している。値段にこだわらず、良いものを長く使いたい、自分の暮らしに合うものを厳選して使いたい人々をターゲットとし、ライフスタイル提案などを行うWebマガジンも運営している。
コンセプト	ルーツをもったこだわりの家具を、より多くの人に届ける
顧客像	値段にこだわらず、良いものを長く使いたい、自分の暮らしに合うものを厳選して使いたい人々。
扱商品の例	pendant Light　　Leather Chair　　Flower base　　Pendant Light 5

3-3-4 | ECサイトのサイトマップ例

架空のインテリアECサイトのサイトマップ例です。色付きのページをデザイン作例としてサンプルファイルを用意しています。

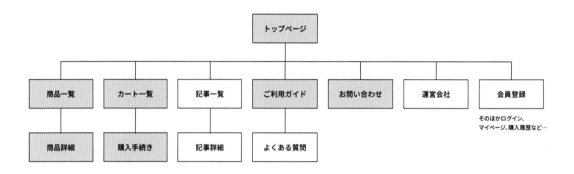

3-3-5 | インテリアECサイト作例のデザイン

本作例では、ECサイトに必要なページを取り入れたデザインを用意しています。サンプルファイルも用意しているので、よろしければ実際のデザインデータも参考にしてみてください。

3-3-6 | トップページの構成

インテリアECサイト作例「ROOT」のトップページの構成を紹介します。

❶ グローバルナビゲーション

サイトの全ページで表示されるメニューです。目的のページへすぐに移動でき、買い物に集中できます。サイトの主要ページも把握できます。

❷ マイページ・ショッピングカート

ECサイトに必要な要素であるマイページとショッピングカートです。ログイン状態やカートに商品が入っている状況によって、デフォルト状態との差をつけることが多いです。

❸ ファーストビュー

サイトの第一印象を決めるファーストビューには、取扱商品とコンセプトがイメージしやすい画像を大きく表示しています。季節やイベントごとに画像を変更しても良いでしょう。

❹ニュース

ショップや商品に関するニュースを表示します。ニュースの配信日時がわかるように日付も掲載します。

❺商品

商品の画像・名前・価格をセットにしてファーストビュー直下に表示することで、取扱商品を把握しやすくします。商品画像にひと手間加えることでサイトの世界観を表現し、ほかのショップとの差別化を図ります。商品一覧ページへの導線も用意します。

❻商品カテゴリー

インテリアのテイスト別で商品を探せるカテゴリーです。好みのテイストが決まっている場合に商品を見つけやすく、関連商品の購入につながる可能性を高めます。

❼新商品

新商品を掲載します。商品が入荷した順に最新で並べたり、新商品数が多い場合は訪問する度にランダムに表示するなどでもよいでしょう。表示方法は商品の数や入荷数などによって決定します。

❽記事コンテンツ

商品やライフスタイルに関する記事コンテンツです。記事を通して商品への興味が高まり、購入に繋げます。また、単に商品を販売するだけでなく、商品やショップを好きになってもらうきっかけにもなります。

❾メールマガジン登録フォーム

商品の入荷情報やショップの最新情報などを配信する、メールマガジンの登録フォームです。どのページからも登録できるよう、全ページ共通で表示します。

❿フッター

フッターにはロゴ、SNSへの動線、コピーライト、各ページへのリンクを記載しています。グローバルナビゲーションと同様に全ページ共通で表示することで、サイトの構造を把握しやすく、移動もスムーズになります。

第
3
章

3-3-7 ECサイトに必要なページ

ECサイトに必要なページとして、商品詳細、ショッピングカート、購入（情報入力）ページなどがあります。それぞれのデザインのポイントや、Figmaでデザインデータを作る際のコツを紹介します。

商品詳細ページ

ECサイトで商品を購入してもらうには、商品の画像、特徴、素材、サイズ、配送方法など、具体的かつわかりやすい情報の表示が必要です。ECサイト作例の商品詳細ページでは、Figmaのコンポーネントやオートレイアウトなどを活用し、情報をシンプルにまとめています。

また、選択された商品の関連商品を表示することで、まとめ買いや購入の可能性、サイト内での回遊率を高めます。

ショッピングカートと購入ページ

ショッピングカートでは、商品の画像や商品名、商品種別（色やサイズなど）、カートに入っている数量、商品金額と合計金額を記載して、どのような商品がカートに入っているか理解しやすいように情報をレイアウトします。最後に購入ページへ遷移するためのボタンを配置します。

購入ページでは、購入者の名前や連絡先、配送先などを入力できるフィールドを用意します。ECサイトで利用するカートサービスや決済サービスによって必要なページやフィールドは異なるので、実際のECサイト制作では気を付けてデザインしましょう。

ショッピングカートと購入ページのFigmaでのデザインのポイントとして、繰り返し使用する商品のリスト、ボタン、フォームなどはコンポーネントを作成し、ユーザーが迷わないようデザインを統一します。また、オートレイアウトや整列を利用し、金額や数量などがすぐわかるレイアウトを作成します。

3-3-8 フォームの作成方法

お問い合わせや商品の購入画面で使用する「フォーム」の作り方を紹介します。繰り返し使用する
パーツをコンポーネントにして組み合わせることで、作業の時短および管理しやすいデータが作成で
きます。サンプルファイルを確認しながら、Figmaでのフォームデザインのコツを学びましょう。

1 必須 / 任意項目ラベル

項目の入力が必須もしくは任意かを示すラベルは、コンポーネントを作成してデザインを再利用できるようにします。また、バリアントを追加することでメニューの選択による項目切り替えが可能です。

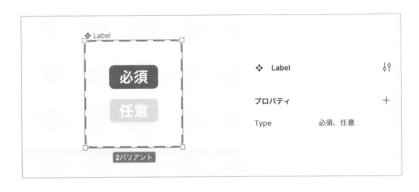

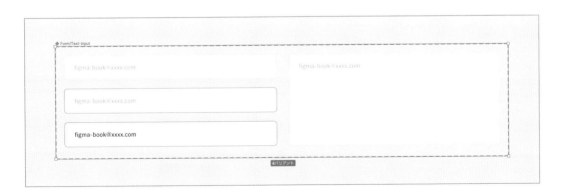

2 テキスト入力エリア

テキスト入力エリアもコンポーネントを作成し、ステータス別のデザインをバリアントで管理します。作例では「標準」「選択中」「入力中」のステータス別にデザインを作成しました。また、入力エリアのサイズは2種類用意し、名前などを入力するテキストフィールド、本文など文章を入力するテキストエリアを作成しています。

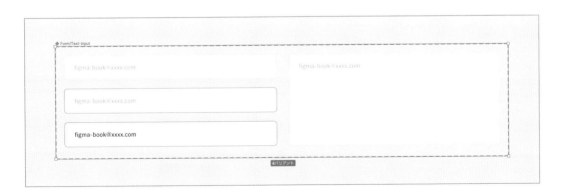

フォームのデザインでは、上記で紹介した「必須 / 任意項目ラベル」、「テキスト入力エリア」を「項目名」と組み合わせ、繰り返し使用します。各パーツを個別で作成して組み合わせることで、ステータスの管理やデザインの編集がより効率的になります。

> TIPS　**コンポーネントは複数かけあわせて使用可能**
>
> コンポーネントは単体でも利用できますが、複数のコンポーネントをまとめてさらにコンポーネントを作成することもできます。その場合、それぞれの設定はリセットされずに引き継がれます。

3　ボタン

送信ボタンはコンポーネントを作成し、ステータス別のデザインを3つのバリアントで管理します。上から順番にDefault（標準の状態）、Hover（カーソルをあてた状態）、Disable（ボタンを選択できない状態）のデザインです。状態別のデザインを作成することで、Webサイト全体のデザインに一貫性が生まれ、実装を担当する人の負担も減らせます。

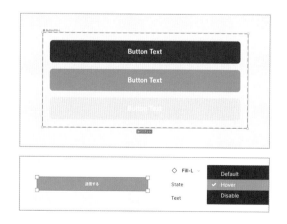

4 エラーメッセージ

必須項目の入力に問題がある場合などに表示する「エラーメッセージ」は、テキスト入力エリアのコンポーネントに［ブール値］のプロパティを追加し、右サイドメニューからスイッチで表示・非表示を切り替えられます。

● スイッチで表示・非表示の切り替えができるパーツの作成方法（ブール値の適用）

親コンポーネントを構成する要素の中から、スイッチで表示・非表示を切り替えたいレイヤーを選択します（例：「エラーメッセージ」）。右サイドバーの［レイヤー］パネルから［ブール値プロパティを適用］アイコンをクリックし、［コンポーネントプロパティを作成］モーダルで［True］状態（スイッチONの場合）のプロパティ名を設定します。作例では、ブール値が［True（isError）］のときにエラーメッセージを表示する設定にしています。

3-3-9 │ Figmaでできる画像加工

Figmaを使った画像の色調補正、切り抜き方法を紹介します。画像編集用のアプリケーションを使用せず、手軽に明るさや色の調整、背景透過画像を作成できるところもFigmaの便利なポイントです。

1 色調補正

Figmaには画像の色調補正機能があります。露出、コントラスト、彩度、温度、濃淡、ハイライト、シャドウの度合いを調整でき、簡易的な画像補正や色の変更をしたいときに便利です。

本作例の商品詳細ページで使用しているソファの画像は、もともとベージュ色でしたが色調補正でグレー、黄、緑、赤の4色に展開して使用しています。

● 色調補正の方法

画像を選択して右サイドバーの［塗り］パネルからサムネイル画像をクリックします。色調補正ができるパネルが表示されるため、スライダーを使って補正します。操作完了後はパネル右上の［×］アイコンをクリックします。

色調補正を活用すれば、1つの素材でさまざまな色の展開が可能です。暗い写真を明るくしたり、複数の画像の色味を統一したりするときにも役立つので、ぜひ試してみてください。

2 プラグイン（Remove BG）を使用した画像の切り抜き

作例で使用している商品画像の一部は、Figmaプラグイン「Remove BG」を利用して画像の切り抜きを行っています。Remove BGはFigma Communityで公開されているプラグインで、アカウント登録をすれば無料で背景透過画像を作成できます。

※無料アカウントでは50枚/月の利用制限があります（2022年8月現在）。

pendant Light Leather Chair Flower base Pendant Light 5

● Remove BGの使用方法

1. Remove BGのWebサイト（remove.bg/ja）からアカウント登録を行い、「API Key」を取得します。
2. Figmaで［リソース（ shift ＋ I ）］ツールを開き、［プラグイン］タブを開きます。「Remove BG」を検索し、右端の［実行］をクリック後、［Set API Key］を選択して取得済みのAPI Keyを入力します。［Save］ボタンを押せば準備完了です。
3. 画像を選択した状態で再度リソースツールを開き、Remove BGを［実行］します。すると背景が自動的に削除され、画像の切り抜きが完了します。

第3章
4
レシピアプリ

レシピアプリの作例を通して、スマートフォンデバイスのアプリケーションをデザインするポイントや、プロトタイプのつくり方を学べます。

3-4-1 モバイルアプリケーションとUIデザインとは？

モバイルアプリケーションとは、スマートフォンやタブレットなどのモバイルデバイス（携帯端末）専用に開発されたアプリケーションのことです。今回の作例では、スマートフォン対応のモバイルアプリケーションを制作します。以下、本文中ではアプリとよびます。

UIとはUser Interfaceの略であり、UIデザインとは、ユーザーが情報をやりとりする接点をデザインすることです。ユーザーが迷わずに目的を果たせるようにデザインしましょう。

3-4-2 アプリ制作のポイント

アプリの制作では、次の4つのポイントを踏まえてデザインします。

① デバイスの特徴に合わせたデザイン

スマートフォンやタブレットのデバイスは、PCのディスプレイサイズ（一般的には16:9などが多い）とは大きく比率が異なります。デバイスを見る距離や操作方法も変わってくるため、デバイスの特徴に合わせた画面遷移や、画面サイズに合わせたフォントサイズやレイアウトにする必要があります。

② OSのガイドラインを読む

デバイスにはiOSやAndroidといったOS（オペレーションシステム）が搭載されています。OSのデザインガイドラインは無料で読むことができ、デザインの原則やルールを知ることができます。ぜひ目を通してみてください。

Human Interface Guidelines
🔗 https://developer.apple.com/design/human-interface-guidelines/platforms/designing-for-ios/
Material Design
🔗 https://material.io/design

③ プロトタイプで導線や使い心地を確認する

プロトタイプとは試作品という意味です。フレームをつなぎ合わせて動きをつけて、導線や使い心地などを検証しましょう。さまざまな人に利用してもらいフィードバックをもらうことで、改善に繋げられます。ワイヤー作成の時点でプロトタイプを作成すると、手戻りや工数がかからずにすみます。

④ コンポーネントを利用する

コンポーネントには部品という意味があり、これらを組み合わせてデザインがつくられています。ボタンやタブ、ヘッダーなどが例に挙げられます。コンポーネントの役割や種類を理解し、適切な場所でコンポーネントを利用して画面を設計していきましょう。Figmaコミュニティに公開されているデザインリソースには、コンポーネントがまとまったUIKitなども存在しています。積極的に活用してみましょう。

3-4-3 プロトタイプ制作のながれ

今回の作例はアプリ制作のなかでもプロトタイプを制作するまでのながれに焦点を当てて紹介していきます。Figmaではプロトタイプ機能を用いて、作成したフレームを繋ぎ合わせて画面遷移や動きを設定できます。デザインの土台となるワイヤーフレームを作成し、作成したワイヤーフレーム同士をプロトタイプ機能でつなげて「フロー」を作成します。作成したフローに、インタラクションやアニメーションといった動きや遷移先を設定していきます。フローが完成したら、プレビューで実際の動きを確認していきましょう。

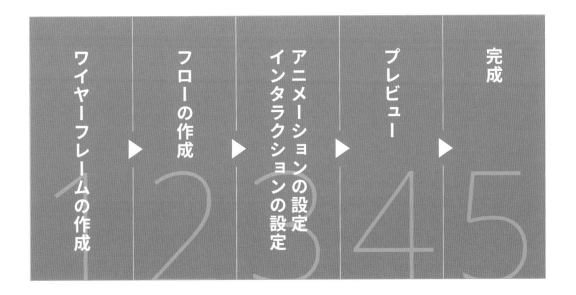

3-4-4 レシピアプリ作例の全体像

作例全体の概要を紹介していきます。

MEAL
つくるをたのしく！

コーポレートサイト作例の概要	
概要	スマートフォンの料理レシピアプリのUI作成（iOS対応）
アプリ名	MEAL（ミール）
アプリ概要	料理初心者にもやさしい、簡単にレシピを探して作れるアプリ。
アプリコンセプト	つくるをたのしく！ つくる体験をもっとたのしく直感的に
ターゲットユーザー	一人暮らしを始めたばかりの10代〜20代前半 料理の基本的な知識がなく「料理って難しい…」と悩んでいる料理初心者 毎日忙しくて献立やレシピをゆっくり考える時間がない方
クライアント要望	●数多くの料理のレシピを気軽に探すことができ、料理をするのが楽しくなるような見せ方をしたい。 ●情報過多にならず、最小限にとどめながらも必要な機能だけをピックアップし、ユーザー認知負荷を下げて、毎日利用してもらいやすくしたい。 ●ターゲット層の間口を広げるため、レシピ以外にも料理中級者や初心者にも役立つ、読みたくなるコンテンツも配信したい。 ●レシピの写真は社内で撮影と運用更新ができるので、競合レシピアプリと比較しても、料理や工程の写真を豊富に掲載して、文字を読まなくても写真だけでもわかるデザインにしたい。
アプリ機能	レシピを探す、レシピをみる、レシピをお気に入りにする、記事をみる

サイトマップ例

レシピアプリのサイトマップ例です。色の付いたページのデザインを作例として用意しています。

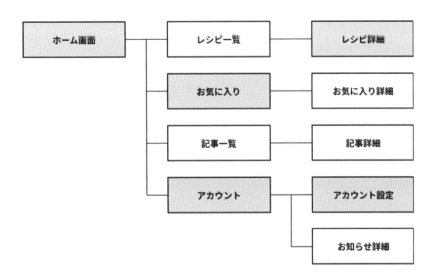

ユーザーフロー図例：レシピを探す

ユーザーフロー図とは、ユーザーの行動を表す図のことです。ユーザーが使用する機能や目的を達成するまでの導線を確認できます。アプリを起動してレシピの詳細ページにたどり着くまでに、どんな行動をするか考えてつくったユーザーフロー図がこちらです。

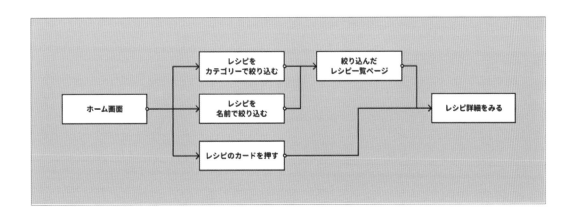

この図をもとに、画面遷移の仕方やデザインに必要なページを作成していきます。

デザインの全体像

要件やサイトマップ、ユーザーフロー図をもとにしてアプリのデザインを作成しました。サンプルファイルにはワイヤーフレームのデータもご用意しています。

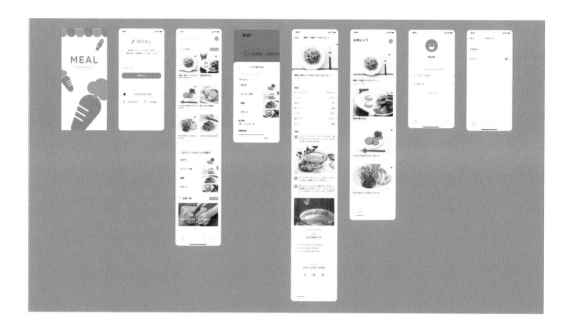

コンポーネントとスタイルの一覧

作成したコンポーネントとスタイルの一覧を紹介します。

色スタイル

初心者の方にも楽しくレシピアプリを利用してもらえるように主要カラーを暖色のオレンジに設定しています。ブラックも、主要カラーに合うように調整しています。

● フォント

iOS対応のNoto Sans JPを使用
しています。

● コンポーネント

親しみやすい印象をもってもら
えるように、全体的にパーツの
角丸を強く設定しています。ボ
トムメニューはそれぞれのメ
ニューを押したときのステータ
スも作成しています。

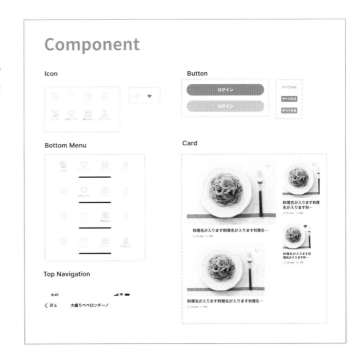

3-4-5 ワイヤーフレーム作成の準備

ワイヤーフレームを作成する前に、アイコンやコンポーネントの準備をしましょう。アプリには多くの機能があるため、使用するコンポーネントも数が多く、0からすべてのコンポーネントを作成するのは非効率な場合があります。Figmaコミュニティには素晴らしいUIKitやデザインシステムが多く公開されています。利用規約を確認し、上手く活用していきましょう。

● 使用デザインリソース

今回のアプリのワイヤーフレームの作成に使用したデザインリソースを紹介していきます。下記のリソースはFigmaコミュニティからファイルを複製し、利用できます。

iOS 16 UI Kit for Figma

今回はiOSのアプリケーションを作成するので、iOSのUI Kitを使用します。ステータスバーやナビゲーション、入力バーなどのパーツが揃っています。
🔗 https://www.figma.com/community/file/1121065701252736567

Phosphor Icons 1.4

こちらのアイコン素材はパスデータのため、線の太さを調整できます。プラグインでも利用することもできます。
🔗 https://www.figma.com/community/file/903830135544202908

App icons Toolkit

デバイスごとのアイコンのモックアップが揃っています。また、実際に画面に表示された時の画面のモックアップに埋め込むこともできます。
🔗 https://www.figma.com/community/file/1106216096982462208

Free Mockups for Dribbble

さまざまなスタイルのモックアップにデザインした画面を入れられるキットです。
🔗 https://www.figma.com/community/file/1097852172973732930

3-4-6 ワイヤーフレームの作成

デザインの土台となるワイヤーフレームを作成していきます。レシピや記事などのオブジェクトをどのように表示するのが最適かを考えながら、コンポーネントを利用していくと良いでしょう。

ホーム画面のワイヤーフレーム

レシピをいつでも検索できるように、検索バーを上部に設置。その下に、アプリのメインとなるレシピのカード一覧を配置しました。カードにはお気に入りアイコンを設置し、お気に入りのレシピをすぐに見られる機能を追加しています。料理カテゴリーを設置することで、目的に応じて絞り込めるようにし、料理初心者の方が読みたくなるような記事コンテンツも下部に配置。ボトムメニューには利用頻度の高いページのメニューを配置しました。

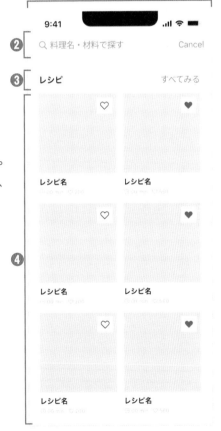

❶ステータスバー

画面最上部に表示され、デバイスの情報について表示する場所になります。**iOS 16 UI Kit for Figma**

❷サーチバー

検索ができる入力フィールドです。ユーザーがキーワードを入力してレシピを検索できるよう最上部に配置しました。どのようなキーワードを入力すればよいかを補助するため、「料理名・材料で探す」というテキストをフィールド内に表示しています。**iOS 16 UI Kit for Figma**

❸セクションタイトルとリンク

どのようなセクションかを示すセクションタイトルを表示し、詳細ページに遷移できるよう、「すべてみる」というリンクボタンも設置します。**iOS 16 UI Kit for Figma**

❹レシピカード

料理の写真・レシピ名・調理時間・お気に入り数を表示させたカードになります。アプリを開いてすぐ目に入るように画面上部に設置します。また、気に入ったレシピをお気に入りできるように、料理の写真の上にハートマークのお気に入りボタンを設置します。

❺料理のカテゴリー

ユーザーがつくりたい料理のカテゴリー別でレシピを絞り込める場所です。直感的にどんなカテゴリーかわかるように写真とレシピ数も表示します。

iOS 16 UI Kit for Figma

❻記事

料理が苦手な方でも楽しく学べるような記事を設置。カルーセルの機能で、狭い領域でも複数の画像をスクロールで見られるようにします。写真の下にインジケーターを設置し、全体の記事数や現在の記事を表示します。

❼タブバー

タップしたページに遷移できるタブバーになります。別のページに行きたい時に使用する利用頻度の高いパーツなので、指が届きやすいページ下部に設置します。遷移先のページコンテンツを想起しやすいアイコンや、メニュー名を入れると何の画面に遷移できるかが伝わりやすくなります。選択中のタブは、アイコンの色や塗りを変え、ほかのタブとの差を明確にすると現在位置を把握しやすくなります。

iOS 16 UI Kit for Figma　　　**Phosphor Icons 1.4**

❽ホームインジケーター

iOSのパーツの名称です。

iOS 16 UI Kit for Figma

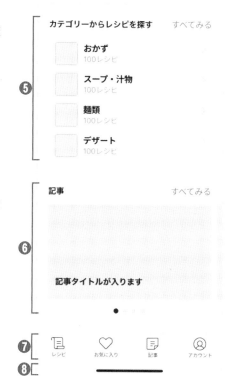

3-4-7 | プロトタイプの作成

ワイヤフレームをつなぎ合わせて、プロトタイプを作成していきましょう。画面遷移をつなげた一連のながれのことをフローとよびます。ログインボタンをタップして、ホーム画面へ移動するフローを作成してみましょう。

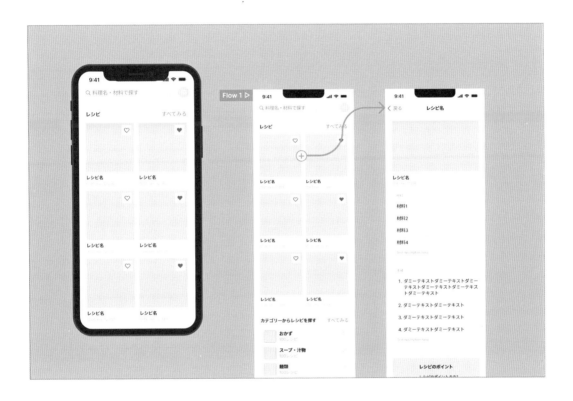

1 フローの開始位置を設定

ログインボタンを押すとホーム画面に移動するフローを設定します。

右サイドバーのタブを［デザイン］から［プロトタイプ］に切り替え❶、フローの開始位置にしたいフレームを選択し❷、右サイドバーから［フローの開始店］の［＋］ボタンをクリックすれば設定完了です❸。

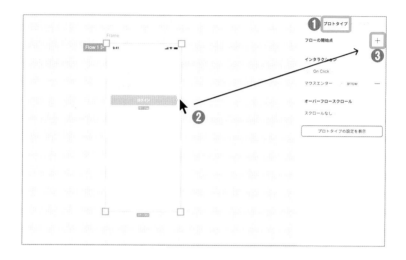

フローの名前は、ダブルクリックで直接変更できます。

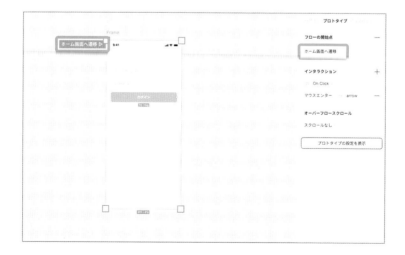

2 画面の遷移先を設定

①サイドバーのタブを［プロトタイプ］に切り替えます。

②起点となるフレームをクリックして選択すると、フレームの右端に青い丸が現れます。これをホットスポットとよびます。ホットスポットにカーソルをホバーさせると、＋マークに変わります。

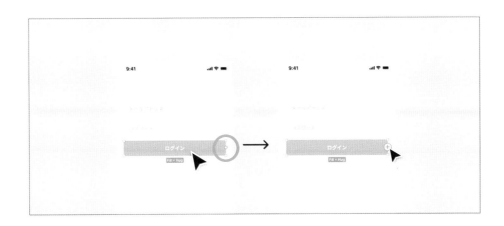

③＋マークを遷移先のフレームへとドラッグ＆ドロップでつなげます。

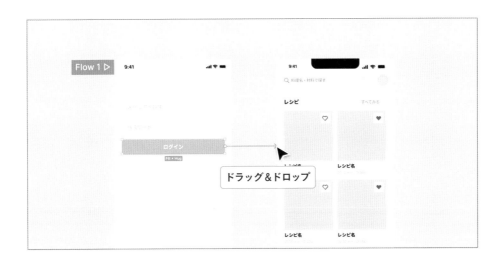

フレームどうしをつなげる青い矢印のことをコネクションとよびます。これで、［ログイン］ボタンを押すとホーム画面に移動する遷移の設定ができました。

3 遷移のインタラクションを調整

遷移をつなげると、インタラクションの詳細設定パネルが表示されます。こちらのパネルで遷移時の
アニメーションを設定できます。

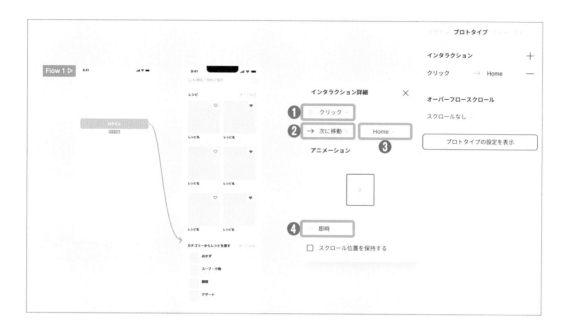

インタラクションパネルの説明	
❶ トリガー	遷移時のきっかけとなる動作（例：クリック、ホバー）
❷ アクション	遷移時の挙動（デフォルトでは次に移動）
❸ 遷移先	遷移先のフレーム名
❹ アニメーション	遷移する際の動き方

①サイドバーが［プロトタイプ］タブになっていることを確認し、フローを追加したフレームを選択
し、先ほど作成したコネクションを選択します。

②コネクションを選択し、サイドバーのパネルからアニメーションの設定を［即時］から［ディゾル
ブ］に変更します。ディゾルブとは、画面がなめらかに移り変わるアニメーションです。

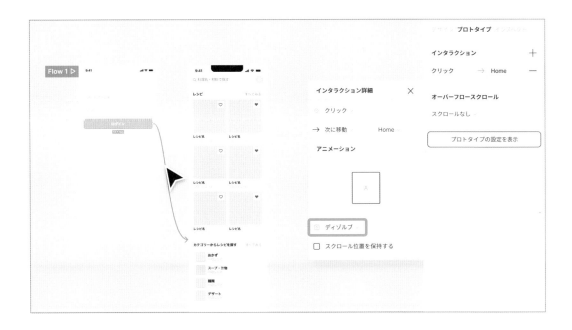

これで遷移のアニメーションを設定できました。

Figmaでできるアニメーションの種類	
即時	すぐさま遷移先のデザインに切り替わります。
ディゾルブ	フェードしながら画面がなめらかに移り変わります。
スマートアニメート	レイヤーに加えられた変化を認識し、その差をアニメーションで表現します。
ムーブイン・アウト	遷移前のフレームの上にスライドする形で移動してきます。
プッシュ	遷移前のフレームを押し出す動きになります。
スライドイン・アウト	遷移前のスライドを非表示にしながら動きます。

4 プロトタイプをプレビューで確認する

つないだフローをプレビュー機能かFigmaアプリで確認してみましょう。Figma内のプレビューで確認する方法を紹介していきます。

■ プロトタイプの設定

プロトタイプのパネルから、［プロトタイプの設定を表示］ボタンをクリックします。

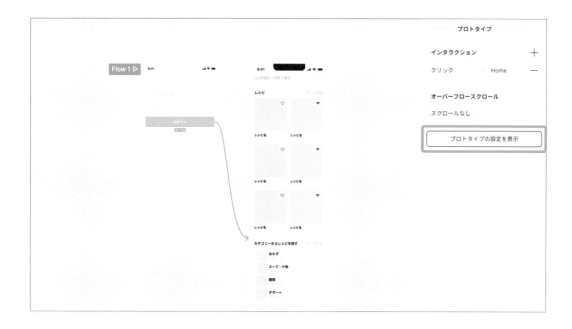

選択したデバイスでプレビューが表示されます。デザインの画面サイズと同じ、「iPhone11 Pro」を選択します。

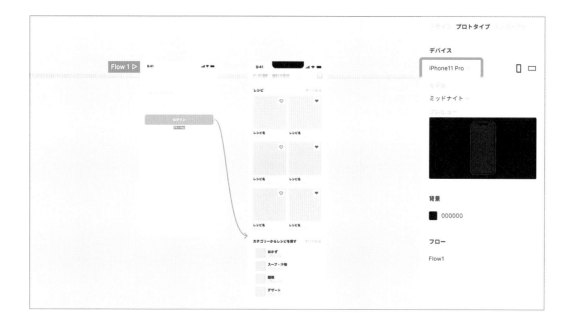

② プレビューの開始

フローの開始点の再生ボタンか、
ツールバーの再生ボタンをクリック
するとプレビューが開始されます。

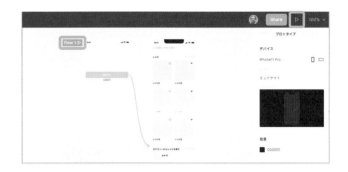

③ プレビュー画面

別タブでプレビュー画面が開きます。ここでデザインを実際に操作して確認できます。プロトタイプ
が完成したらリンクを共有してフィードバックをもらい、改善につなげていきましょう。Ⓡ を押す
と最初の画面に戻れます。

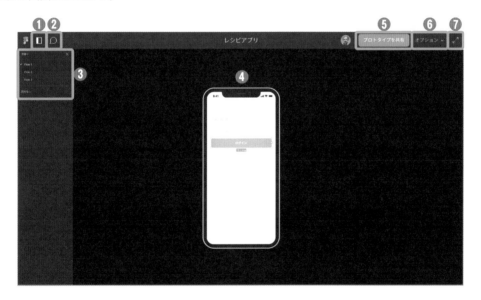

❶ 左サイドバーの 表示切り替え	アイコンをクリックすると、左サイドバーの表示/非表示を切り替えられます。
❷ コメント	アイコンをクリックすると、フローにコメントを残せます。
❸ フロー一覧	現在開いているページのフローの一覧が表示されます。クリックすると、そのフローのプレビューを見られます。
❹ デザイン	ここにデザインが表示されます。
❺ 共有ボタン	クリックすると詳細パネルが表示され、リンクをコピーしたり、ユーザーを招待したりできます。
❻ オプション	デザインの表示サイズや、UI・コメントの表示を切り替えられます。
❼ 全画面	全画面で表示されます。

5 スマートフォンでのプレビュー方法

Figmaのアプリでは、デザインのプロトタイプをスマートフォンで即時に確認できます。右記QRコードから、アプリをインストールしましょう。

App Store

Google Play

1. アプリ起動画面

2. ミラーリング

3. ミラーリング開始

4. 終了時

アプリを起動したら、ボトムメニューからミラーリングを選択します。

アプリで表示したいフレームを、Figma上で選択します。「ミラーリングの開始」ボタンが表示されたらタップします。

スマートフォンに先ほど選択したフレームのデザインが表示されます。

アプリの画面を二本指で長押し、「ミラーリングの終了」をタップで終了できます。

6 ほかのフローの作成

画面をさらにつないでいき、ほかのフローも作成してみましょう。

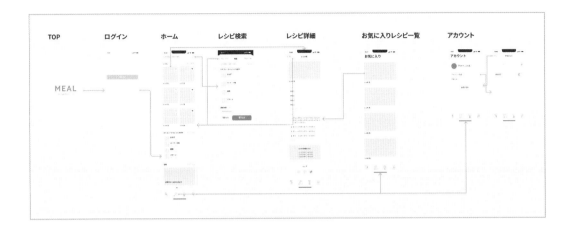

3-4-8 | プロトタイプの応用

プロトタイプでカルーセルさせる

フレームからはみ出したコンテンツを、横スクロールさせられます。記事のリストを横スクロールで閲覧できるようにしてみましょう。

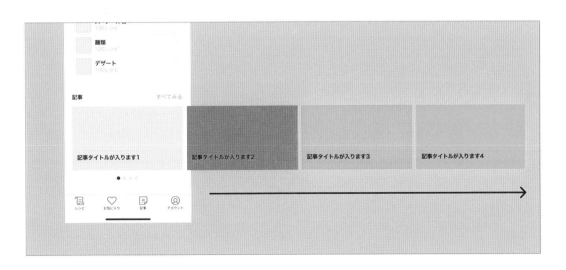

1 フレームサイズをデザイン幅に合わせる

横スクロールさせたいコンテンツのフレームを選択し、デザインのフレームの境界に合わせます。
⌘ （ Ctrl ）を押しながらフレームサイズを調整すると、制約の影響を受けずにすみます。

2 スクロールの動作の設定

フレームサイズを調整したら、右サイドバーの［プロトタイプ］タブを選択。スクロールの動作パネルから位置を「親とスクロール」、オーバーフロースクロールを「水平」にします。

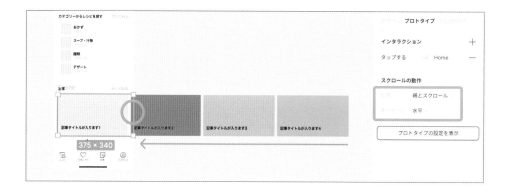

3 フレームからはみだしたオブジェクトを非表示にする

フレームからはみ出したオブジェクトを非表示にします。デザイン全体のフレームを選択し、右サイドバーのデザインタブから、［コンテンツを切り抜く］にチェックを入れます。これで、フレームサイズからはみ出したオブジェクトは非表示になります。

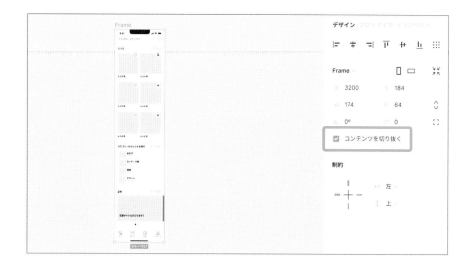

🄸 完成

記事コンテンツがスクロールできるようになりました。プレビューで確認してみましょう。

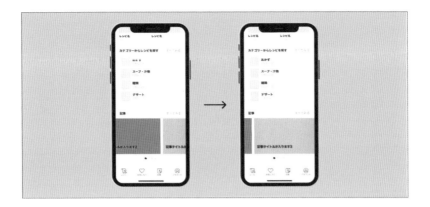

プロトタイプでメニューを固定する

スクロール時にオブジェクトを固定できます。ここではボトムメニューを固定してみましょう。

🄸 ボトムメニューの位置をデバイスサイズに合わせる

ボトムメニューをiPhone 11 Proの高さ（812px）に収まるように位置を調整します。

🄸 位置を固定

ボトムメニューを選択した状態で右サイドバーの［プロトタイプ］タブを選択。スクロールの動作パネルから、位置を「固定（同じ場所にとどまる）」、オーバーフロースクロールを「スクロールなし」にします。

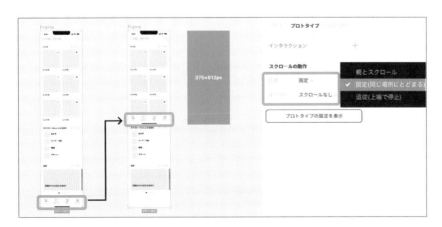

3 完成

中のデザインをスクロールしても、ボトムメニューが固定されます。

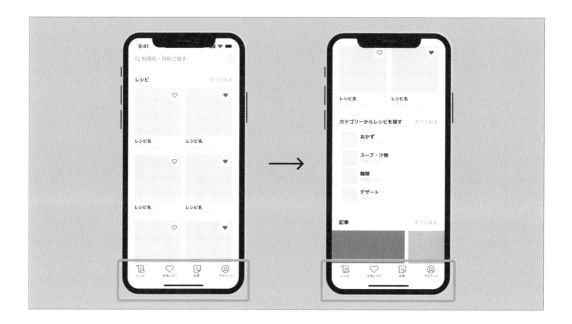

コンポーネントにインタラクションをつける

コンポーネントにもインタラクションを設定できます。ハートのアイコンをタップしたら色が付くように設定してみましょう。

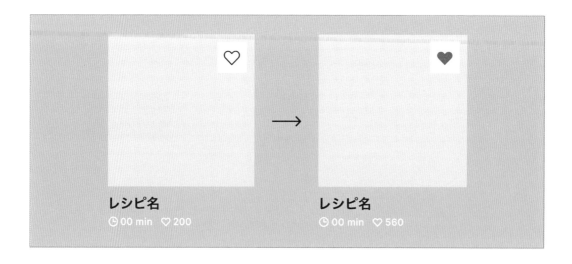

1 2種類のコンポーネントを用意

通常状態とホバー状態のコンポーネントを作成します。

2 コンポーネント同士をつなぐ

作成したコンポーネント同士をプロトタイプ機能でつなぎます。インタラクション詳細パネルでトリガーを［クリック］、アニメーションを［スマートアニメーション］に設定します。

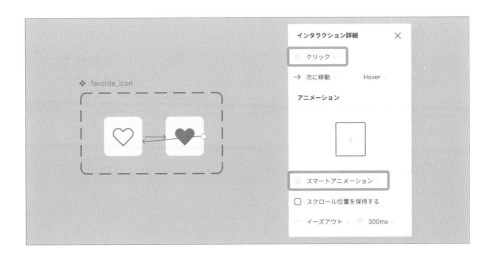

3 完成

ハートのアイコンをタップすると状態が切り替わるようになりました。

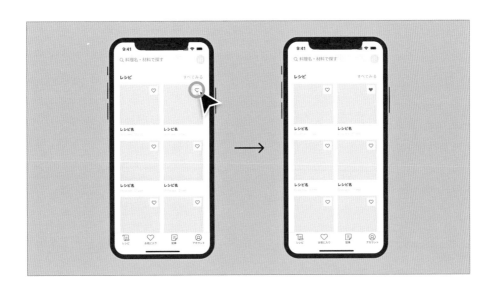

3-4-9 アプリのアイコンとモックアップの作成

アプリのアイコンやモックアップをFigmaで作成してみましょう！

1 アプリのアイコン作成

アプリのアイコンを作成しましょう。モックアップに入れると、見栄えを確認できます。

■ ロゴを用意
アプリのアイコンにしたいロゴを作成または用意します。

2 フレームを用意

次のフレームを用意し、その中にロゴを配置します。

- サイズ：W80 H80
- 角の半径：13

3 完成

アイコンの完成です。OSやデバイスによって必要なサイズが変わるので、必要に応じて作成してください。

p.198で紹介した「App icons Toolkit」のファイルを使用すると、実際のiPhoneの画面にアイコンを当てはめられます。

2 デバイスモックアップにデザインを入れる

p.198で紹介した「Free Mockups for Dribble Shot」のファイルを使用すると、モックアップにデザインを当てはめられます。モックアップサイズに合わせたデザインを用意し、⌘shift + ⌘ + ⌘C でPNG形式でコピーしてモックアップのフレームにペーストしていきましょう。

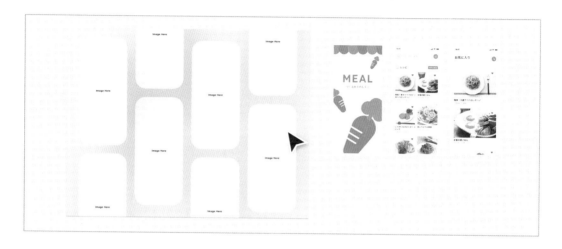

背景色や影を調整して完成です。

活用編
チームでの Figma 活用と
ペアデザイン

本章ではチームで利用できる Figma の機能紹介や
コラボレーションの一つの手法であるペアデザイ
ン、外部サービスとの連携について紹介します。

チーム制作に向いている Figma の特徴

Figmaは1人でも利用できるデザインツールですが、複数人で同時にデザインできるツールです。ここではチーム制作に役立つFigmaの機能などを解説します。

ここまではFigmaの基本機能の理解、基礎操作、実際のデザイン制作のながれを見てきました。FigmaはWebデザインやUIデザインを作成するのにとても優れたデザインツールであると同時に、デザインを制作する過程で関わるメンバーにとっても有用なツールです。

ここまでFigmaを触ってみてお気づきかもしれませんが、Figmaはデザインファイルを作業ごとに保存する必要はありません。「デザインを作成してチームメンバーにデザインファイルを渡す」という行為も基本的には必要ありません。必要であればある時点の保存状態に復元したり、.figファイル形式でファイルを書き出したりすることも可能です。チームで制作するには、ファイルを渡す必要がなくFigmaにさえメンバーが集まればデザインをすぐに開始できるというのが最大のメリットです。

この章ではさらにFigmaがチーム制作に向いている6つの特徴を取り上げて解説していきます。
- ブラウザだけで利用できる
- リアルタイムで同時編集ができる
- 常に最新のデータを反映し保持できる
- バージョン管理ができる
- メンバーを無制限に招待できる
- ファイル・フレーム・コメントなどの共有ができる

4-1-1　ブラウザだけで利用できる

チームで複数人が同時にデザインするときに問題になるのが、自分の持っているPCなどにアプリケーションをインストールできない、互換性がないためうまく動かない。などがあります。Figmaはローカルファイルのみで動作するアプリケーションとは異なり、アプリケーションを各PCにインストールしなくても、ブラウザのみで利用できます。ブラウザのみでもデザインの編集やコメント、ファイル管理など各種機能も問題なく動作します。

ブラウザとオペレーティングシステム（OS）の最小要件は次のとおりです。

ブラウザの最小要件

- Chrome 72以降
- Firefox 78以降
- Safari 14.1以降（MacOS 11以降）
- Microsoft Edge 79以降

OSの最小要件

- Windows 8.1 以降
- Apple MacOS 11（MacOS Big Sur）以降
- 上記のブラウザをサポートするLinuxOS
- 上記のブラウザをサポートするChromeOS

https://help.figma.com/hc/en-us/articles/360039827194

ブラウザがあればすぐに動作するため、要件を満たしているPCをもっているだけで、だれでもすぐにFigmaを利用し、デザインコラボレーションすることができます。

4-1-2　リアルタイムで同時編集ができる

Figmaではリアルタイムで同時にデザインを編集したり、コメント、閲覧したりできます。各メンバーの操作はタイムラグなく軽快に動作します。お互いの操作が重なり元に戻ってしまうなども起こりません。

ただし高解像度の画像などを多くあげてしまうと、読み込みに時間がかかる場合があります。Figmaで画像を多様する場合は解像度を小さくしたり圧縮すると良いでしょう。

4-1-3　常に最新のデータを保持

Figmaでは常に最新状態が自動で保持されます。ですので、「Figmaにはファイルを保存する」「ファイルを渡す」などを行うことはほぼありません。保存は気にせずにデザインしていきましょう。必要になればもちろんファイルを書き出したり、指定のバージョンにコメントをつけて保存したりすることは可能です。

[⌘] + [S] で保存しようとすると「自動で保存されます」とキャンバス下部に表示されます。

また、Figmaのメニューでも通常の保存はありません。［名前をつけて保存（.fig）］または［バージョン履歴に保存］の2つになります。

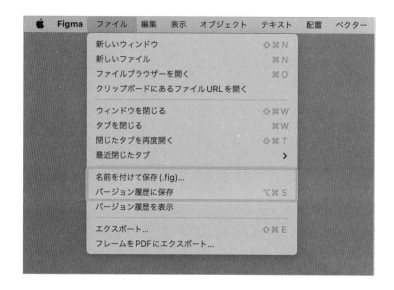

4-1-4　バージョン管理ができる

常時、自動で保存してくれるFigmaですが、バージョン管理できます。

Figmaの［バージョン履歴］は、Webサイトの開発には欠かせないバージョン管理システムの Git によく似ています。Gitのように現時点のソースコードの状態にコメントを付与して、バージョン履歴に残せます。

Figmaのバージョン管理で主にできること
- バージョン履歴にコメントをつけて保存
- バージョン履歴を表示
- 過去のバージョンを表示
- 過去のバージョンを復元
- 過去のバージョンを共有

■ バージョン履歴にコメントをつけて保存

ツールバーからFigmaのアイコンをクリックし、［ファイル］→［バージョン管理に保存］を選択します。［バージョン履歴に追加］のウィンドウが表示されるため、タイトルや詳細な変更内容のコメントなどを入力し、現在のFigmaの状態をバージョン履歴として保存します。

■ バージョン履歴を表示

ツールバーからFigmaのアイコンをクリックし、［ファイル］→［バージョン履歴を表示］を選択すると、右サイドバーにバージョン履歴が表示されます。ツールバー中央のファイル名の横にあるメニューを開き、［バージョン履歴を表示］からでも表示できます。

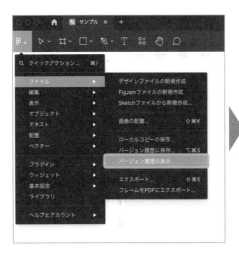

過去のバージョンを表示

バージョン履歴をクリックすれば、自動保存またはタイトルや説明文をつけて保存された時点の状態を確認できます。現在のバージョンに戻るには、ツールバーのFigmaアイコンとなり［完了］ボタンをクリックします。バージョン履歴一覧の右上［×］ボタンからも戻れます。

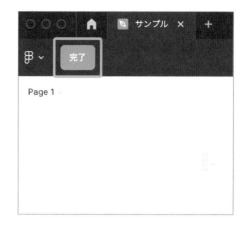

過去のバージョンを復元

バージョン履歴のバージョンを右クリックし、［このバージョンを復元］を選択すると、選択したバージョンが最新のデザインになります。バージョンの復元は、必ず現在の最新バージョンを保存してから行いましょう。自動保存のみのバージョン履歴では、保存したメンバーのバージョン情報しか残らないため、復元前の状態の判別が難しくなります。

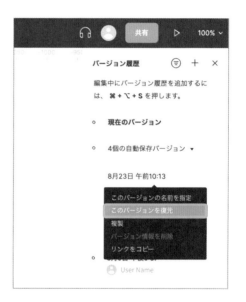

過去のバージョンを共有

各バージョンを右クリックして表示したパネルに［リンクをコピー］で過去のバージョンを共有できます。注意点としては、過去のバージョンの閲覧はファイルの編集権限をもっていないと見られません。最新のバージョンは閲覧権限のみでも見られます。

※スタータープランの場合はバージョン履歴へのアクセスは直近の30日間分となります。プロフェッショナル以上だと無制限にバージョン履歴を保存、アクセスできます。

4-1-5　メンバーを無制限に招待できる

Figmaのファイルにはスタータープランでは、無料で閲覧者と編集者をファイルに無制限に招待できます。作成するとファイル数と機能にはいくつか制限があります。

- 1つのチームにつき作成できるプロジェクトは1つ
- Figmaファイルは3つまで
- 各Figmaファイルにつきページは3・ページまで
- 下書きのFigmaファイルには編集者を招待できない

プロフェッショナルプラン以上では制限が解除されます。また、編集者の人数ごとに料金が発生します。詳細は公式ヘルプを参照ください。

https://help.figma.com/hc/ja/articles/360040328273-チームと組織のプランについて

閲覧者ができること

Figmaでは、どの料金プランでも閲覧者を無料で無制限に招待できます。閲覧者はFigmaでできることには制限があります。閲覧者は下記のことを行えます。

- ファイルの閲覧
- コメント記入、返信、解決済みのコメントの再表示
- インスペクトタブでスタイルの確認とコピー
- 素材の書き出し
- オブジェクト間のマージンの確認
- ほかのメンバーの視点を追従できる
- ファイルを複製できる※

※プロフェショナルプラン以上になりますが、閲覧者に対してファイルのコピー、共有、書き出しを制限できます。

4-1-6　ファイル・フレーム・コメントなどの共有ができる

Figmaはメンバーと簡単に共有できます。共有の種類も非常に豊富です。

- プロジェクト
- ファイル
- ページ
- フレーム
- コメント
- プロトタイプ

これらのリンクを発行してメンバーに共有できます。また。ファイルやフレームはリンクだけでなくiframeを利用した埋め込みコードを作成して共有することもできます。

プロジェクトを共有する

プロジェクト全体を共有する場合は、プロジェクトに移動して［共有］ボタンをクリックします。表示されたウィンドウから［リンクをコピーする］をクリックすると、プロジェクトのリンクをコピーできます。共有のとなり［…］ボタンからもリンクをコピーできます。

ファイルを共有する

ファイルを共有したい場合は、プロジェクトに移動し、ファイルのカードまたはリストを右クリックして共有リンクをコピーできます。

ページを共有する

デザインファイル内のページを共有したい場合は、左サイドバーの［レイヤー］タブからページを右クリックし、リンクをコピーします。

フレームを共有する

フレームを右クリックし、［コピー／貼り付けオプション］から［リンクをコピー］を選択すると、フレームのリンクを共有できます。

コメントを共有する

コメントはキャンバス上のコメントウィンドウまたは右サイドバーから［…］アイコンをクリックしてコピーできます。

プロトタイプを共有する

プロトタイプに遷移した後に、ツールバーの［プロトタイプを共有］ボタンをクリックすると共有ウィンドウが立ち上がるのでリンクをコピーできます。

Figmaの3つの閲覧権限

Figmaを利用することでデザイナーのデザインプロセスを共有し、チームメンバーやクライアントから改善案や意見のレビューをFigmaコメントによって即座にもらうことが可能になりました。

レビューの際に気をつけておきたいのは閲覧権限の設定です。Figmaでは3つの閲覧権限があります。共有するメンバーによって使い分けてURLを共有しましょう。

リンクを知っているユーザー全員
リンクとパスワードを知っているユーザー全員（プロフェッショナルプラン以上で可）
ファイルに招待されたユーザーのみ

の「リンクを知っているユーザー全員」の場合は、とくに気をつけて共有しましょう。気付かぬうちにリンクさえあれば誰でも見られてしまう状態になっていた。ということにならないように気を付けてください。

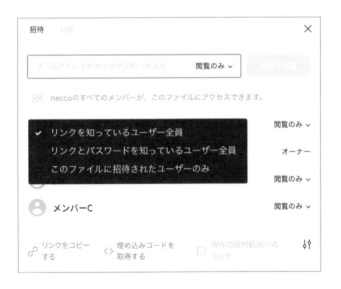

チームで利用できる
Figmaの5つの便利な機能

Figmaにはチームで利用する際に便利な機能が多く用意されています。う
まく活用しながらチームでの制作に役立てていきましょう。

チームでデザインコラボレーションする際に便利な機能を5つ紹介します。

- 閲覧者でも利用できる「コメント」
- メンバー視点で表示する「スポットライト」
- リンク埋め込み機能
- 簡易的なチャットができる「カーソルチャット」
- 音声通話

4-2-1　閲覧者も利用できる「コメント」

Figmaのアカウント権限が閲覧者の場合にはデザインの編集はできませんが、コメントを利用する
ことでデザインへのレビューを行うことや、デザイナーと会話のやり取りをすることが可能です。

閲覧者は無制限にFigmaファイルへ招待できるので、とくにデザインを編集する必要がないメン
バー、またはデザインレビューを行うだけのメンバーなどに利用しましょう。お客さまにデザインを
見てもらい意見をもらう、自社プロダクトであればデザインチーム以外のメンバーに意見をもらうな
どにも便利です。閲覧者であればFigmaの利用料金を気にすることなくコメントを利用できます。

コメントを追加する

ツールバーから［コメントの追加（[C]）］を選択します。カーソルが吹き出しアイコンに切り替わるので、キャンバス上のコメントを追加したい箇所をクリックするとコメントが入力できます。フレームやオブジェクトに対してコメントを追加することもできます。

［@］アイコンを選択、または入力するとユーザー選択してメンションをつけて送ることができます。

コメントに返信する

キャンバス上のコメントを直接選択、もしくはツールバーから［コメントの追加（[C]）］を選択後右サイドバーの一覧からコメントを選択して、返信できます。コメントには絵文字も利用できます。

リンクのコピー・コメントの削除は、コメント
モーダル上部の［…］アイコンからできます。

コメントは名前横の［…］アイコンをクリック
すると編集できます。

コメントを解決する

不要になったコメントを「解決」する
ことで、キャンバス上で非表示にする
ことができます。コメントモーダル上
部の「解決（☑）］アイコンを選択すれ
ば、コメントを解決済みにできます。

解決済みのコメントをみたい場合は、コ
メントツールを選択した状態で右サイ
ドバーのコメント一覧を確認し、「解決
済みのコメントを表示」でソートする
ことができます。

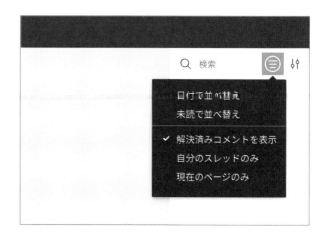

4-2-2　メンバー視点で表示する「スポットライト」

チームで制作しているときには相手がみている場所やページをみて会話できればスムーズにやりとりできます。Figmaでは相手視点と自動で自分視点にする機能があります。

相手視点にする

ほかのチームメンバーの視点でみたい場合はツールバーのメンバーのアイコンをクリックします。

ほかのメンバーを自分視点にする

ほかのメンバーを自動で自分視点にする場合には、自分のアイコンをクリックして「自分にスポットライトを当てる」のボタンをクリックします。ほかのメンバーが拒否しなければ、メンバー全員を自分視点に切り替えられます。

スポットライトの便利な使い方

オンライン会議などで参加メンバーそれぞれに自分のアイコンをクリックしてもらうことなく、視点を切り替えることができて便利です。画面共有するという方法もありますが、手元のPCでFigmaを開くほうがカーソルや動きもより自然にタイムラグなく見られます。

4-2-3　リンク埋め込み機能

Figmaではテキストへのリンク埋め込みができます。チームメンバーに参考サイトやFigmaのページなどを共有したいときに便利です。テキストを選択した状態で、ツールバー中央から［リンクの作成］ボタンをクリックし、URLを入力することでリンクの埋め込みができます。また、URLをコピーした状態でテキストを選択し、⌘（Ctrl）＋ V ］でペーストしてもリンクを埋め込めます。

リンク埋め込みの便利な使い方

実際の制作現場では、下記のようなリンク埋め込みの使い方ができます。

- Figmaのファイル、フレームなど各種リンク
- 参考サイトのリンク
- Dropboxやストレージサービスのリンク

とくにストレージ系サービスのリンク共有、写真や動画など素材を共有する際のリンク共有などが便利です。Figma上で大量の画像を共有する必要がなくなります。

4-2-4　簡易的なチャットができる「カーソルチャット」

キャンバス上で［/］を押すと、その場でチャットができます。時間が経つとテキストは消えるため、ほかのメンバーとその場で軽い会話がしたいとき、コメントとしてテキストを残す必要がないときなどに利用できます。

4-2-5　音声通話

Figmaには音声通話機能もあります。オンライン会議ツールを使用せずに会話ができ、複数メンバーでデザインを進めたいとき、レビューを受けたい時などに便利です。会話を開始する際はツールバーのヘッドホンアイコンをクリックします。すぐに接続が開始され、通話がはじまります。ほかのメンバーの会話に参加するときは、ツールバーから［参加］ボタンをクリックします。

Figmaを使ったペアデザイン

デザインコラボレーションの一つの手法であるペアデザインについて紹介します。

ここまではチームで活用できるFigmaの特徴や機能を紹介してきました。Figmaなどを利用してペアでデザインすることを「ペアデザイン」とよびます。また多職種のメンバーと複数人でデザインすることを「モブデザイン」とよびます。Figmaはデザインコラボレーションツールですから、他のメンバーとペアまたは複数人でデザインしていくには最適なツールと言えます。

ここからは筆者メンバーも日々行っている内容も含めて紹介していきます。

4-3-1　ペアデザインとは

二人一組、または複数人でデザインを行うことです。基本的には一人がツールを操作し、一人がフィードバックをする、次のアクションを考えて、デザインを依頼するなどの方法で行います。Figmaはペアデザインに最適のツールです。複数人が操作、複数人がフィードバックなどを同時に行うこともできます。デザインプロジェクトを進めていく上で、デザイナーだけでなく様々な職種のメンバーとペアを組むこともおすすめです。

4-3-2　ペアデザインの組み合わせ例

ペアデザインをする場合のデザイナーとの組み合わせ例をいくつか紹介します。
また、各ペアで行うこともあわせて紹介します。

ディレクターとデザイナーでのペアデザイン

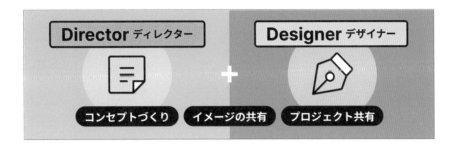

ディレクターやプロダクトマネージャ、プロジェクトマネージャはプロジェクトの企画から設計、調査などを担うことが多い役割ですが、そのようなメンバーとデザイナーのペアです。Figmaではデザイン制作だけでなく、資料の共有やサイトマップの作成、行動フロー図の作成など、デザイン以外の資料を作成、共有するのに便利です。

プロジェクトが始動してすぐにデザイナーとペアを組んで、まずはプロトタイプを作成すると、短時間で仕様や要件の漏れに気がついたり、追加でのヒアリングが必要だったことが見えてきたりします。

エディターやライターとデザイナーでのペアデザイン

ある程度プロジェクトが進行していくとワイヤーフレームの作成や掲載文章、写真、コピーづくりなどを行います。その際にエディターやライターとのペアデザインもおすすめです。

エディターやライターでは言葉を中心とした掲載文章などの作成、デザイナーは最終的なデザインから考えた文字やコピー、写真などの素材をみてデザインの制作を進められます。ペアデザインすることで両者の視点からみたコピーや写真、言葉づくりをすることが可能です。

デザイナー同士でのペアデザイン

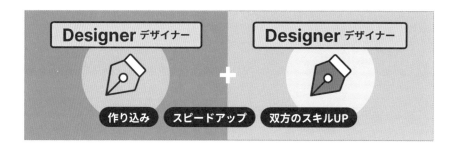

掲載文章や写真などの素材やワイヤーフレームが完成してきたら最終的なデザイン制作に進みます。そのときにはデザイナー同士でペアデザインすることもあります。Webサイトやアプリケーションはページ数が膨大になるものも多く、ページごとに分担してデザインを進めるのも良いでしょう。

プロジェクト依頼者とデザインチームとのペアデザイン

最後のペアデザインの例は、クライアントとデザインデザインチームとのペアです。Figmaを利用すればクライアントとのペアデザインも可能です。Figmaに集まって、コピーや文章を調整していく、レイアウトや機能について意見をもらっ、取得できるデータについてFigmaを見ながら検討していくなど。チームや企業を越えたコラボレーション、ペアデザインが可能です。

ミーティングなどもFigmaを見ながら行うのも有効です。その場ですぐにデザインにも反映できるので、すぐに問題解決ができたり、より良い案や、想定していなかった課題発見にもつながったりします。

4-3-3　ペアデザインのメリット

ペアデザインでは、多くのメリットを得られます。ペアによる役割ごとにメリットがあるので、ウェブサイトやUIデザインを作成する上でかかわるメンバーの役割ごとに紹介します。

ディレクターがペアデザインを行うメリット

たとえば、プロジェクトを牽引するディレクターやプロジェクトマネージャであればデザイナーとともにペアデザインを行うと、次のようなメリットがあります。

- 考えをすぐにプロトタイプとして具現化できる
- デザイナーに制作してもらったデザインをすぐフィードバックできる
- デザインがうまく進まなくなってしまったときに次のアクションを考えやすい
- マーケティングやビジネス視点からデザインレビューを行い、スケジュールやリソースの調整、相談ができる

これは、Figmaでペアデザインを行うからこそ得られるものです。Figmaを利用することで、すぐにプロトタイプを作ることもできるので、プロトタイプを元にしてクライアントと会話することで、プロジェクトの企画や進行をスムーズに行えます。

デザイナーがペアデザインを行うメリット

ある程度の経験を経たデザイナーであればすぐにFigmaを利用し、デザインを制作できます。また、ディレクターやほかのメンバーにもデザイン共有のハードルが低いため、多くのフィードバックを得ることができ、より精度の高いデザインを制作していくことも可能になります。さらに、情報設計や企画段階、ワイヤーフレームの段階からFigmaを中心に進めていくことで各メンバーはもちろん、デザイナー自身の担当プロジェクトの理解も深まりやすくなるでしょう。

- 企画段階からディレクターやライターなどにフィードバックを出しやすい
- デザイン以外の段階でもデザイン側から解決を提示することも可能
- 実際につくったデザインを経験の浅いデザイナーに解説しやすい
- 自分が得意でないデザインの担当を他のメンバーに任せたり、得意なセクションやページのデザインを担当してフォローできる
- 常に最新のデザインが保存され、ファイルごと、ページごと、フレームごとなどで共有リンクが発行できるのでデザイン共有の心理的なハードルが下がり、共有スピードが上がる

若手のデザイナーがペアデザインを行うメリット

デザイン経験が少ないデザイナーの場合でも、Figmaを利用したペアデザインを行うことで多くの
メリットがあります。経験が少ない場合は、デザインをどのように決定するかの判断が付きづらく、
悩む時間が増えてしまうことが多くなります。そのような場合には先輩デザイナーなどとペアデザイ
ンを行うことで、次のようなメリットがあります。

- デザイン制作過程で悩む時間を減らすことができる
- リモートワークなどで質問が難しい場合でもその場で確認、質問ができる
- 先輩デザイナーとペアデザインを行うことで、デザインの手法や考え方を学べる

ペアデザインは音声通話をしながら行う

ペアデザインと同時にFigmaの「音声通話」機能やオンラインミーティングツールなどZoo
m、NeWork、Discordなどを利用しながらのペアデザインも効果的です。

Zoom	https://zoom.us/
NeWork	https://nework.app/top
Discord	https://discord.com/

ペアデザインは「シンセサイザー」役の人と「ジェネレーター」役で行う

ペアデザインはさまざまな考えを合成するメンバー（シンセサイザー）とデザインを作成す
るメンバー（ジェネレーター）でペアを組むとその真価が発揮されます。
シンセサイザー役の人は、ユーザービリティやビジネス的観点からのフィードバックをジェ
ネレーターに伝えたり、開発者や利害関係者と共有するために、デザインの根拠を文章で説
明したり、システム、利害関係者、ユーザーの全体像を念頭におくことができるメンバーです。
ジェネレーター役の人は、アイディアを明確かつ迅速にデザインに落とし込み、ペアの目の
前ですぐデザインできる、デザインパターンを多く所持していて、トレンドや優れた事例に
精通しているメンバーが良いでしょう。

https://www.oreilly.com/content/pair-design/

4-3-4　ペアデザインのデメリット

良いところばかりのように感じるペアデザインですが、いくつか注意する点があります。

- デザインはどうあるべきか？　といったことやマーケティング、ビジネス観点からのデザイン判断回数が減ってしまう。考える機会を奪ってしまうことがある
- 自分だけで作り切る力が伸びない
- 一人だけの時間でなく二人分の時間がかかってしまう（その分スピードも上がる場合も多い）
- 私がこのデザインを作成した。という自負がもてないこともある
- ペアデザインを行うにはフィードバックを行いやすいルールや会社の文化がまずは必要な場合がある。Figmaを利用してペアデザインすればメリットを享受できるわけではない

このようにデメリットと感じる点もあります。ですが、Figmaではそれ以上に得られるメリットが多くあります。Figmaでデザインを制作し、かつ複数人で同時にデザイン制作を行う場合はペアデザインの時間をとり、デザインを制作することに挑戦してもらえればと思います。

ペアデザインでより良いデザインをつくるには

ペアデザインでは、人ではなくデザインに対してレビューをするという姿勢でフィードバック方法のルールを決める必要もあります。批判的な姿勢のみでなく、代替案を出すこと、デザインを作成したメンバー個人への否定ととられるような言動ではなく、あくまで依頼者へのメリットを目的としたデザインレビューを行うべきと考えると良いでしょう。

Figmaを利用してペアデザインを行うことで、デザインがすぐに見える状態となるだけでなく、制作過程も見えるようになりました。デザインはデザイナーのものだけでは決してなく、チーム全員でコラボレーションをして依頼者のために良いデザインを制作するものです。そのような姿勢がチームでのコラボレーションとデザインをより良いものに変えていきます。

職種を越えたコラボレーション

Figmaはさまざまな職種のメンバーでも利用できます。ここではデザイナーでない職種のメンバーがFigmaを利用するメリットを紹介します。

4-4-1　エディター、ライターがFigmaを利用するメリット

デザインプロジェクトでは設計時からエディター、ライターが参加する場合があります。エディター、ライターが作成する言葉を中心にデザインが進む場合もあれば、ワイヤーフレームを中心としてディレクターとデザイナーとともに設計をすすめる場合もあるでしょう。Figmaを中心にデザイン全体の過程を共有し、コラボレーションすることで多くのメリットがあります。

メリット

- デザイナーやディレクターと共同でワイヤーフレームを作成、テキストの作成ができる
- デザインが先行した場合にデザインを確認しながらテキストの作成ができる
- どのようなテキストがどのくらいの文字数が必要かがわかりやすい。コピーを考えやすい
- フィードバックをすぐにもらうことができ、その場でFigmaに改善や修正案を記載できる
- カーソルチャットや音声通話で、デザイナーが作業中でも確認、相談できる

実際の使用例

修正指示書をデザインの横に置き、修正箇所を把握しながら対応したり、デザイン上でテキストを修正を行うこともできます。バリアントなどを利用して「済」や「未」のコンポーネントを利用して修正チェックなどに利用してもいいでしょう。

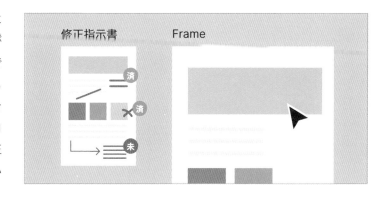

4-4-2　フォトグラファーがFigmaを利用するメリット

Webサイトやアプリケーションで写真を使う場面も多いでしょう。Figmaはフォトグラファーとも
コラボレーションしやすいツールです。ワイヤーフレームの段階でも、デザインができ上がっている
場合でもFigmaをみながらどのような写真が必要か検討できます。

メリット

- デザインを確認しながら撮影すべき写真を考えることができる
- 写真専用ページをFigmaに作り、そこに写真素材を集約して俯瞰できる
- どのデザインにどの写真が何枚必要かがわかりやすい
- 必要な写真の大きさや比率がすぐにわかる
- 画像編集や補正の際も、随時デザインを見ながら色調などを合わせられる
- Figma上でも写真の明るさやコントラストなどが調整、確認ができる。

などが考えられます。

実際の使用例

写真を入れるデザインを見ながら、写真
の構成や撮り方を検討できます。写真撮
影後も複数の写真をデザインと照らし合
わせながら選定できます。

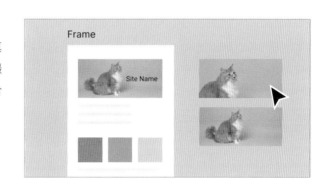

4-4-3　エンジニアがFigmaを利用するメリット

プロジェクト開始時からエンジニアメンバーなどもFigmaに招待しておくこともメリットが多いです。
WebサイトやWebアプリケーションなどを制作するプロジェクトの場合だと、最終的な工程からエ
ンジニアがかかわることも多く、デザインが完成してからエンジニアがはじめてプロジェクトやデザ
インを知るなどもあるかもしれません。事前にFigmaを共有してプロジェクト開始時やデザイン過
程でもデザインを確認できれば仕様や機能など、より良いものにできる機会があるかもしれません。

● メリット

- 動きを確認したい時にデザイナーに話しかけやすい
- デザイナーがいま何に取り組んでいるか（自分が次に何に取り組めそうか）がわかる
- 未完成の状態でもざっくりとしたレイアウトが分かるので実装を進めやすい
- バリアントでコンポーネントの種類や分類がわかる
- 実装に必要な数字や色の情報がインスペクトですぐにわかる
- オートレイアウトによってデザイナーのレイアウトの意図を汲み取りやすい

4-4-4　タグを使用したデザイン進行状況の管理

Figmaでは膨大なページ数のデザインを制作できます。また、デザイナー以外のメンバーがデザインを見る機会も多くなります。デザインを進めていくと、このデザインはいまどういう状態なのか？をひと目でわかるようにしておくと便利です。

デザインフレームの上に、進行状況を表すタグをおくと状況を把握しやすくなります。タグをコンポーネントのバリアント機能を用いて作成すれば、ステータスの切り替えがしやすくなります。

4-4-5　ファイル間で共有できる「チームライブラリ」

チームライブラリはFigmaファイル間でスタイルやコンポーネントなどのアセットを共有で利用できる機能です。同じパーツやテキスト・色スタイルを別ファイルでも使用したい場合にとても便利な機能になります。ファイルのコンポーネントやスタイルを「ライブラリ」として公開し、別ファイルで読み込んで使用できます。

チームライブラリはスタータープランでも利用できますが、スタータープランではスタイルのみがライブラリに公開できるという制限があります。プロフェショナルプランから、制限なく利用できます。

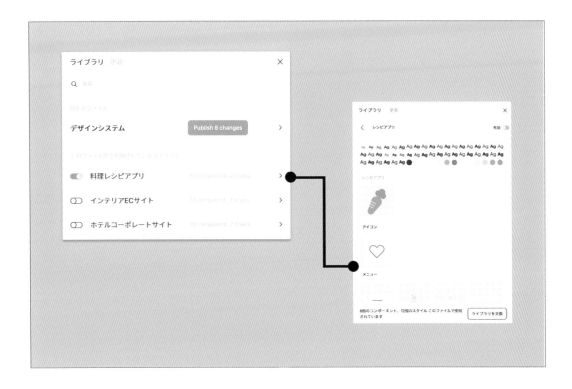

便利なツール連携

Figmaはさまざまなツールと連携できます。ここでは、3つのツールとの連携方法を紹介します。

Figmaはさまざまなツールと連携することで、さらに便利にチームで利用できます。ここからは、チャットツールの「Slack」やタスク管理ツールの「Asana」、ドキュメントツールの「Notion」の3つのツールとの連携方法を手順にそって紹介します。

4-5-1　SlackにFigmaのコメントを通知する

1つ目はチームコミュニケーションを促進するチャットツール「Slack」とFigmaの連携を紹介します。Slackはチャンネルという場所を複数作成してチャンネルごとにチャットできます。今回は特定のチャンネルと特定のFigmaファイルを連携し、FigmaのコメントをSlackに表示できるように連携を行います。

https://slack.com/

SlackにFigmaアプリを追加して連携を許可する

Slackの左サイドカラムの最下部のAppsから［Browse apps］の［＋］をクリックします。

SlackのメインカラムからAppsを検索して［Figma and FigJam］アプリの［Add］ボタンをクリックします。

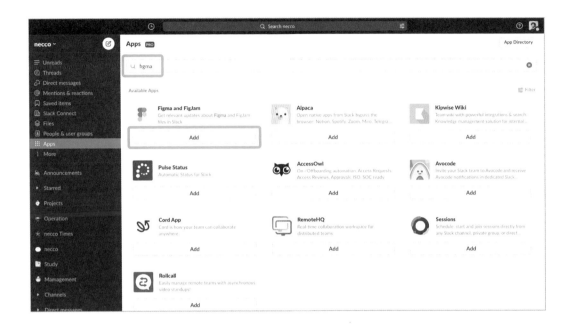

［Add］ボタンを押すとFigmaアプリの画面が表示されるので、このページの［Add to Slack］をクリックします。

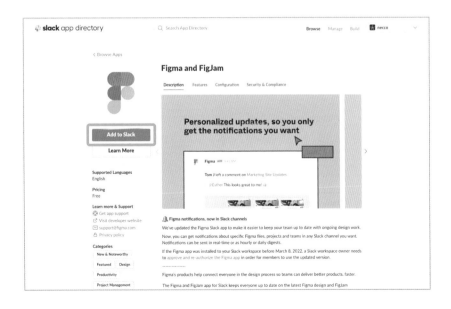

次にFigmaとSlackの連携の許可を求める画面となるので、[Allow] ボタンをクリックしてFigma
とSlackを連携します。

連携したいSlackチャンネルにFigmaアプリを招待する

FigmaとSlackの連携ができたら、Figmaからの通知を投稿したいSlackのチャンネルに Figmaア
プリを招待します。Slackの左カラムからFigmaアプリをクリックして、メインカラム左上の
Figmaアイコンをクリックするとウィンドウが立ち上がるので、ウィンドウの上部にある [+ Add
this app to channel] ボタンをクリックします。

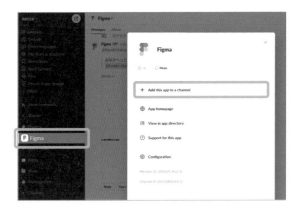
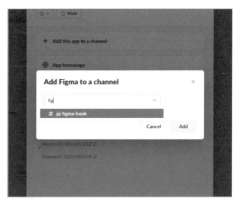

またはFigmaを連携したいチャンネルのテキスト入力欄からスラッシュコマンド［/invite @Figma］でFigmaをチャンネルに招待することもできます。

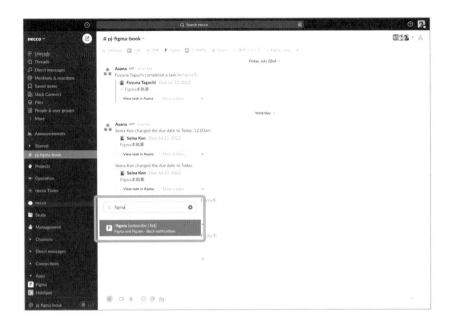

Slackチャンネルと連携するFigmaファイルを設定する

指定のチャンネルのテキスト入力フィールドで「/ figma subscribe 」と入力すると次のようなウィンドウが立ち上がります。

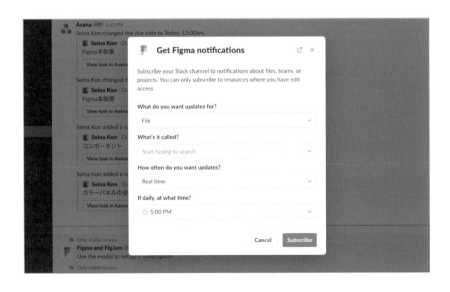

ウィンドウが立ち上がったら「What do you want updates for?」で「File」か「Project」のアップデートのどちらを受け取るか選択できます。今回は「File」を選択します。そのあと「What's it called?」ではどのような名称のFigmaファイルですか？　と聞かれているので連携したいFigmaファイルの名前を入力します。

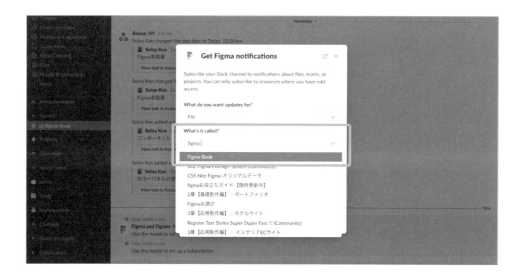

ファイル名を入力すると自動でFigmaのファイル名が表示されるので、選択します。その下はどれくらいの頻度で通知を受け取るか、「daily」にした場合に何時に受け取るか？　などを選択できます。今回は「Real time」を選択して即座にSlackでコメント通知を受け取る設定にします。

これでFigmaからのコメントをSlackで受け取れるようになりました。このようにSalckで設定したFigmaファイル上でコメントをすると、Slackでリアルタイムで通知を受け取ることができます。

SlackのFigmaアプリに届いたDMからFigmaのコメントに返信できます。

4-5-2　AsanaのタスクをFigmaに表示する

「Asana」は個人やチームのプロジェクトやタスクを一つの共有スペースで管理できるツールです。Figmaの［リソース］ツールからAsanaのウィジェットを利用することで、Figmaのキャンバス上にAsanaのタスクを表示したり、その場でタスクを作成、完了したりできます。

https://asana.com/ja

AsanaとFigmaの連携手順
ツールバーの［リソース］ツールをクリック

ウィジェットタブをクリックしAsanaのウィジェットを検索

AsanaのウィジェットをクリックしてキャンバスにAsanaウィジェットを読み込む

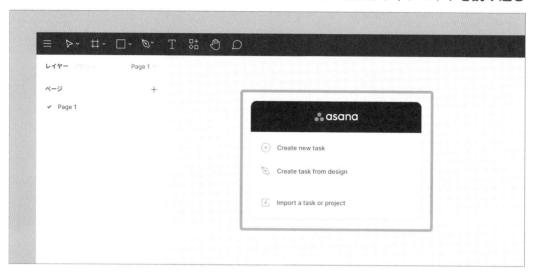

Asanaウィジェットの[import a task project]をクリックし、
Asanaのプロジェクトリンクを貼り付ける

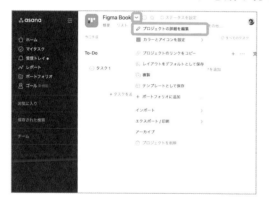 

■ Figmaに読み込みたいAsanaプロジェクト内のカラムを選択して［Import］をクリック

■ Figmaのキャンバス上にAsnaのプロジェクト概要と 指定したカラムのタスクが読み込まれる

これでAsanaのタスクをFigma上に表示できました。Figma上でタスク完了したら、Asanaにもその状態が反映されます。

4-5-3 NotionにFigmaプレビューを表示する

FigmaはNotionとも連携できます。Notionはオンラインでさまざまなドキュメントやタスク、スケジュールなどを管理できる情報共有サービスです。各種Figmaの共有リンクをNotionに貼ると、FgimaをプレビューとしてNotionに表示できます。

操作方法はFigmaの共有リンクを貼るだけです。Notionでの表示方法は3つから選ぶことができます。

プレビューとして貼り付け
メンションとして貼り付け
リンクとして貼り付け

1の「プレビューとして貼り付け」を選択するとNotionにFigmaのプレビューを表示できます。埋め込まれたFigmaのプレビューから、Figmaファイルに移動できます。

Figmaファイル全体やフレームの共有リンクはプレビューをNotion上で表示できますが、コメントなどの共有リンクはNotionではプレビュー表示はされず、ブラウザが立ち上がり、コメントがフォーカス状態になります。

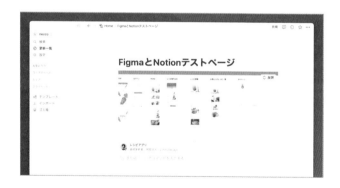

NotionのFigmaプレビューを更新する方法

Notionに表示されるプレビューが古くなってしまった場合は、プレビューをホバーすると表示される右下の3点リーダーをクリックし「プレビューを再読み込み」を選択すると、最新状態にFigmaのプレビューが更新されます。

索引

これからはじめるFigma
Web・UIデザイン入門

2022年 9月22日 　　　初版第1刷発行
2024年11月11日 　　　第7刷発行

著　者：阿部 文人、今 聖菜、田口 冬菜、中川 小雪
発行者：角竹 輝紀
発行所：株式会社 マイナビ出版
　　　　〒101-0003　東京都千代田区一ツ橋2-6-3　一ツ橋ビル2F
　　　　TEL：0480-38-6872（注文専用ダイヤル）
　　　　TEL：03-3556-2731（販売部）
　　　　TEL：03-3556-2736（編集部）
　　　　編集部問い合わせ先：pc-books@mynavi.jp
　　　　URL：https://book.mynavi.jp

カバーデザイン・企画・編集・構成：阿部 文人、今 聖菜、田口 冬菜、中川 小雪
誌面デザイン：株式会社necco、霜崎 綾子
DTP：富 宗治
担　当：畠山 龍次

印刷・製本：シナノ印刷株式会社